彩图1　气相色谱-离子阱质谱联用仪

(a) 处理之前

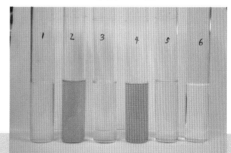

(b) 固相萃取之前

彩图2　6种彩泥样品在处理之前、
　　　固相萃取之前和固相萃取
　　　之后的照片

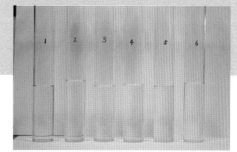

(c) 固相萃取之后

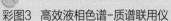

彩图3　高效液相色谱-质谱联用仪

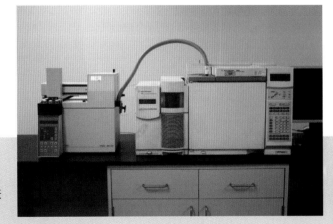

彩图4　气相色谱-质谱联用仪（配有
电子轰击电离源和自动顶空进
样器）

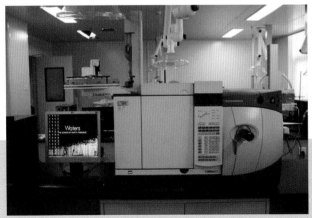

彩图5　气相色谱-三重四级杆质谱联用仪

ERTONG YONGPINZHONG
YOUJI WURANWU JIANCE JISHU

儿童用品中
有机污染物检测技术

白桦 张庆 主编

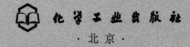

化学工业出版社
·北京·

以玩具、儿童食品接触材料、儿童服装等为代表的儿童用品与儿童的健康安全密切相关。我国是全球最大的儿童用品生产国和消费国，儿童用品中的化学物质，尤其是有机类化学物质，是影响儿童用品质量安全的关键因素。开发针对这类物质的检测技术对于保障儿童用品质量安全，保护广大儿童的身心健康具有重要意义。

本书结合中国检验检疫科学研究院近 10 年来的研究经验和科研成果，系统地介绍了针对儿童用品中有机污染物（包括环境激素、致敏性芳香胺、增塑剂、防腐剂、阻燃剂、挥发性有机物、亚硝胺、初级芳香胺、偶氮染料等）的检测标准、检测方法和检测新技术。

本书可供各级出入境检验检疫人员、儿童用品质量检验人员、儿童用品生产厂家技术人员及其他相关人士学习和参考使用，也可作为相关培训教材。

图书在版编目（CIP）数据

儿童用品中有机污染物检测技术/白桦，张庆主编 . —北京：化学工业出版社，2016.2
ISBN 978-7-122-25875-5

Ⅰ.①儿… Ⅱ.①白…②张… Ⅲ.①儿童-工业产品-有机污染物-检测 Ⅳ.①X502

中国版本图书馆 CIP 数据核字（2015）第 299171 号

责任编辑：旷英姿　　　　　　　　　　　　文字编辑：李锦侠
责任校对：边　涛　　　　　　　　　　　　装帧设计：王晓宇

出版发行：化学工业出版社（北京市东城区青年湖南街 13 号　邮政编码 100011）
印　　装：北京云浩印刷有限责任公司
710mm×1000mm　1/16　印张 13½　彩插 1　字数 232 千字　2016 年 3 月北京第 1 版第 1 次印刷

购书咨询：010-64518888（传真：010-64519686）　售后服务：010-64518899
网　　址：http://www.cip.com.cn
凡购买本书，如有缺损质量问题，本社销售中心负责调换。

定　　价：68.00 元

编写人员名单

主　　编　白　桦　张　庆
副主编　吕　庆　李海玉　郭项雨　王志娟　王　婉
编写人员（按姓氏笔画排序）

马　强	王宏伟	王志娟	王　婉	王　锋
付艳玲	白　虹	白　桦	吕　庆	孙雨婷
李文雅	李仪贤	李亚辉	李俊芳	李海玉
杨海峰	李　焘	李梦晨	肖海清	张　庆
宗艺晶	孟宪双	孟　慧	赵卫哲	夏德富
郭兴洲	郭项雨	席广成	陶自强	喜　飞
操　卫				

前言 | FOREWORD |

  以玩具、儿童食品接触材料、儿童服装等产品为代表的儿童用品与亿万少年儿童的身心健康息息相关。我国是全球最大的儿童用品生产国和消费国，随着消费者健康环保意识的不断增强，玩具产品的质量和安全性日益受到关注和重视，近年来，由儿童用品安全引发的安全事件屡屡发生，而每一次事件都会引发巨大的舆论关注，影响社会的稳定和谐。儿童用品中的化学物质，尤其是有机类化学物质，是影响儿童用品质量安全的关键因素。为此，各国政府和国际组织相继制订了严格的技术法规来限制有毒有害化学物质在儿童用品中的使用，如：美国的《消费产品安全法》《保护儿童和玩具安全法案》，欧盟的《玩具安全指令》《欧盟通用产品安全指令》《邻苯二甲酸酯增塑剂指令》，加拿大的《危险产品（玩具）法案》，法国的《消费者保护法》，英国的《消费者保护法》等。然而，相应的检测方法和检测标准严重滞后于法规要求，给企业质量控制和监管部门的执法把关造成了障碍，间接导致了人身健康伤害和经济损失，给社会经济发展造成了不良影响。

  本书通过编者所在科研团队近十年完成的国家及省部级科研课题的研究，旨在系统地介绍针对儿童用品中有机污染物的检测标准、检测方法以及检测技术的最新进展情况。涉及的儿童用品包括玩具、婴幼儿食品接触材料、儿童服装、儿童家具等，覆盖的有机污染物均是目前国内外技术法规关注的重点，如亚硝胺类物质、致敏性芳香剂、双酚 A、偶氮染料、苯系物、磷酸酯类增塑剂、氯酚类防腐剂、溴苯醚类阻燃剂等。本书中的部分成果荣获 2013 年北京市科学技术奖二等奖，具有较高的学术价值和应用推广价值。

编者

2015 年 10 月

目录 | CONTENTS |

1

绪　　论

儿童用品是指专门供儿童（0～14岁）使用的产品，主要包括：玩具、童车、儿童服装、儿童家具、儿童所使用的食品接触材料（如奶瓶、水壶、餐具）和学生用品等。儿童用品涉及儿童成长发育的方方面面，与儿童的身心健康息息相关。

我国是当今世界上最大的儿童用品生产国和出口国。由于儿童用品的生产以劳动密集型为主，因此一直以来都是我国的传统优势产业。以玩具为例，我国玩具出口数量约占全球的60%，超过其他国家的总和。童车、儿童服装和学生用品等产品的出口量也位居世界前列。我国同时也是世界上最大的儿童用品消费国。根据第六次全国人口普查的结果，我国0～14岁的儿童已超过2亿人，占人口比例的16.6%。在这样的背景下，儿童用品存在的哪怕是很小的一点安全性瑕疵都会被迅速放大并演化成公共安全事件，因此对于儿童用品的安全性，生产企业、管理机关和消费者等各相关方都应该高度重视。

影响儿童用品安全的因素主要有以下几类：机械物理性能、化学污染物、易燃性、电磁性能、有害生物等。其中，化学污染物是种类最为繁杂、最不易被发现的一类因素，有些化学污染物还会对儿童造成慢性甚至终身伤害。儿童用品中的化学污染物主要有两类，一类是无机类污染物，如铅、铬、镉、砷、汞以及有机锡等，这一类化学污染物数量相对较少，而且较早时就得到了重视，目前在世界上绝大多数国家都已经得到了严格的管控。另一类是有机类污染物，这一类污染物数量庞大，而且更新极快，每年都会出现大量新的品种，由于研究工作相对滞后，目前儿童用品中的有机类污染物还没有在全球范围内得到应有的重视。

1.1 儿童用品生产中常见的有机污染物

儿童用品中的有机污染物来自于制造这些儿童用品的过程当中所使用的原材料和辅料。儿童用品的制造按其所需的外形、功能及使用对象进行工序的安排。虽然不同类型的儿童用品及制造工艺差别很大，但是从总体上来说可以大致分为以下步骤。

首先，需要进行各类原材料和辅料的准备。儿童用品一般是由塑料、橡胶、布绒、金属、木材、玻璃及电子元件等相互组合，再加上相应的外包装而成的；其次，按产品组成分别进行各类零部件的加工，在这个过程中需要应用注塑或搪胶等工艺，并可能需要按照不同装饰要求选择喷油、丝印、转印和电镀等方法进行表面处理；最后是进行生产装配，将不同零部件进行有机组合，按产品的外形、功能、组合次序选择合适的加工程序，通过自动化生产线的方式最终生产出成品。在上述这一系列过程中，需要使用各种由化学物质组成的原料和辅料，如果对这些材料的环保性能要求不严，便会使得各种有机污染物进入到最终的产品中，并随产品销售进入千家万户和消费者手中。

下面列举几类典型的、危害较大的有机污染物。

（1）有机挥发物 挥发性有机物是一类重要的空气污染物，种类繁多，来源广泛，对人体健康危害严重。有机挥发物一般认为是常温下饱和蒸气压＞7091Pa或沸点＜260℃的有机化合物，包括芳香烃、脂肪烃、卤代烃、含氧烃、醇、醛、酮和酯等多种有机物。在儿童用品特别是塑胶材质的儿童用品（如玩具、童车、儿童家具中常见的塑胶部件）的生产过程中，常会使用多种有机溶剂，如进行表面处理时会使用含有苯、甲苯、二甲苯、乙苯等苯系有机挥发物的"开油水"或"天那水"。又如在进行装饰件和配件装配时会使用含有醇、酮类有机挥发物的黏合剂。这些有机挥发物均具有一定的毒性，例如甲醛和苯是公认的致癌物；二氯甲烷被认为是一种潜在致癌物；甲苯具有一定的生殖毒性；1,1,1-三氯乙烷和丙酮对中枢神经有损害作用，会引起肝、肾等器官损伤；二甲苯、乙苯、乙酸甲酯和对氯三氟甲苯具有一定的急性毒性和慢性毒性，长期接触会对人体各系统造成不同程度的慢性危害。

（2）致癌芳香胺 芳香胺是包括苯胺及其衍生物在内的一类物质，其中很多物质被证明有毒性和致癌性，会对人体和环境造成不良影响。儿童用品中初级芳香胺的来源主要是偶氮染料。在染料分子结构中，凡是含有偶氮基

（—N＝N—）的统称为偶氮染料，其中偶氮基常与一个或多个芳香环基团相连形成一个共轭体系而作为染料的发色体，这类物质几乎分布于所有颜色。在很长一段时间里，偶氮染料由于颜色鲜艳而被广泛应用于产品染色领域。然而，20 世纪中期，科研人员发现部分偶氮染料在与人体接触的条件下会还原出某些对人体或动物有致癌作用的芳香胺，并经过人体的活化作用改变 DNA 的结构，引起人体病变和诱发癌症。目前，可分解出致癌芳香胺的偶氮染料已经在全球范围内受到严格的管控。需要指出的是，绝大多数的偶氮染料都是安全的，并仍被广泛用于纺织品、服装、皮革制品、家具布料等产品的印染工艺，其总数大约有 3000 余种，其中只有大约 200 种被证明可以分解出致癌芳香胺。

（3）邻苯二甲酸酯　邻苯二甲酸酯是一类在儿童用品生产过程中广泛使用的增塑剂，主要来源于聚氯乙烯（PVC）塑料，也存在于合成橡胶、纤维素塑料、涂料、黏合剂中。PVC 是一种通用型热塑性树脂，具有可塑性好、价格低廉且易于着色等优点，是玩具制造的常用原料。但聚氯乙烯熔点较高，难以加工成型，加工时必须加入适量的增塑剂以增强塑性。全球对于邻苯二甲酸酯的年消耗量在 300 多万吨，其中 1%～2% 通过各种途径流入自然界。近年来，邻苯二甲酸酯被认为是一类环境激素，可干扰生物体内激素正常水平的维持，从而影响生物的生殖、发育和行为，特别是对胎儿的骨骼、肌肉和中枢神经系统有影响，对肾脏、肝脏等器官有很大危害。邻苯二甲酸酯污染物是难溶于水、易溶于有机溶剂的无色透明的油状液体，因其辛醇-水分酯系数较高，在水环境中倾向于从水相向固体沉积物和生物体转移，以吸附在固体颗粒物上，并在生物体内积累。邻苯二甲酸酯类对人体健康的影响是一个慢性过程，需要较长时间才会出现。

（4）亚硝胺　亚硝胺是一类具有—N—N＝O 结构的有机化合物，在 100 多年前被发现，但直到 1956 年英国学者发现 N-亚硝基二甲胺（NDMA）对试验动物具有强致癌活性，亚硝胺才受到世界范围的广泛关注。迄今为止已发现的 300 多种亚硝胺中有 90% 左右可以诱发 39 种动物不同器官的肿瘤，并且一次大量摄取和少量多次摄取均可诱发肿瘤。美国环境保护署（Environment Protection Agency，EPA）污染物风险信息集成系统（Integrated Risk Information System，IRIS）将亚硝胺的风险指数定为 B2，即具有潜在人体致癌性。亚硝胺广泛分布在土壤、工业废水、橡胶制品、皮革、化妆品、烟草及腌制食品中，可通过呼吸道、消化道、皮肤吸收等途径进入人体产生危害，其靶器官包括肝、肾、肺等。儿童用品中的亚硝胺主要产生于橡胶的硫化成型过程。绝大多数橡胶制品都要通过高温硫化最终成型，该过程需使用硫化促进剂。具有仲胺基的硫化催化剂在硫化过程中会给出仲胺，仲胺与空气中或配合剂中的氮氧化物 NO_x（主要是 NO_2）在酸性环境或催化剂条件下会生成稳定的 N-亚硝胺。

（5）双酚A　双酚A（BPA）是一种广泛应用于塑料制造的化学物质，使用史已达50多年，广泛用于包括婴儿奶瓶和水瓶在内的各类日常用品，几乎所有食品和饮料罐的内壁表层都使用到含有双酚A的环氧树脂。近年来的研究表明双酚A是一种典型的环境激素。所谓环境激素，是指一类进入机体后具有干扰体内正常内分泌物质的合成、释放、运输、结合、代谢等过程，激活或抑制内分泌系统的功能，从而破坏维持机体稳定性和调控作用的物质。大量环境调查结果和实验室研究表明环境类雌激素对近年来男性睾丸癌和前列腺癌发病率的上升、精子数量的减少、女性乳腺癌、子宫癌发病率的增高、雄性动物的雌性化和免疫功能的改变，以及鸟类、鱼类和哺乳动物生育率的下降、部分生态系统中动物雌雄比例失调等具有不容忽视的作用。

（6）致敏性芳香物质　由于香味在一定程度上能够增强消费者的购买意愿，因此在儿童用品的生产过程中会广泛地使用各种香精和香料。香料是一种能被嗅觉嗅出香气或味觉尝出香味的物质，是配制香精的原料，主要分为天然香料、单离香料和合成香料。香精亦称调和香料，是一种由人工调配出来的含有几种甚至上百种香料的混合物。它们具有一定的香型，调和比例常用质量百分比表示。天然香料及合成香料由于它们的香气香味比较单调，多数都不能单独直接使用，而是将香料调配成香精以后才能使用。香精香料通常由数十到数百种具有芳香气味的有机物组成，这些化合物并不都是安全无害的，有些物质具有较强的致敏性，即所谓的致敏性芳香物质。相关研究表明，有3％左右的人在接触致敏性芳香物质后会发生过敏症状，这些芳香物质能在与皮肤直接接触时引起皮肤过敏，也能在其挥发过程中通过呼吸引起人体过敏，可能会导致头痛、头昏眼花、剧咳、呕吐、过敏性皮肤刺激、哮喘等，是不可忽视的过敏原。临床观察发现，致敏性芳香物质会影响中枢神经系统，导致沮丧、多动、兴奋、行为无法控制等行为变化。儿童作为玩具产品的主要消费者，他们身体器官发育尚未完全，免疫能力也远远低于成年人，更容易受到各种过敏原的侵袭，引发一系列过敏反应。

（7）有害防腐剂　在儿童用品的生产过程中，出于杀菌、防腐、防霉等目的，经常会使用化学物质进行防腐处理，其中的一些物质已经被证明有较强的毒性，需要严格控制其用量。例如异噻唑啉酮类化合物是一类新型广谱杀菌防腐剂，然而有研究表明该类物质是一种有潜在接触致敏性的化学品，能引发接触性皮炎。又例如一些氯酚类和菊酯类化合物虽然对于木材原材料具有非常优良的防腐效果，但是研究表明这些物质均具有不同程度的致畸、致癌及基因突变毒性，上述物质如果残留在儿童用品中，将会经过唾液、汗液或吸入等方式进入儿童体内，对儿童健康造成严重危害。

(8) 有害阻燃剂 阻燃剂是用来提高聚合物材料难燃性的添加剂，是塑料工业中的消费品。目前应用最广的是氯系、溴系、磷及卤化磷系、无机系等。阻燃剂是用以改善材料抗燃性、阻止材料被引燃及抑制火焰传播的助剂，主要用于合成天然高分子材料，是添加到聚合物中的化学品，常用于塑料、纺织品、电路板和其他材料中以达到阻燃效果。阻燃剂的种类繁多，其中最常用的是溴代阻燃剂（BFRs）、多溴联苯醚（PBDEs）、多溴联苯（PBBs）、带卤素或不带卤素的有机磷酸酯。作为儿童经常接触类玩具，当以上阻燃剂和玩具制品的塑胶材料混合而非结合在一起时，将会产生与卤代物结构相似的产物，科学研究证明它们具有毒性，会对肝脏和神经系统的发育造成毒害，而且会干扰甲状腺内分泌，可能致癌或引起生物性别错乱。同时由于这两类物质具有较强的脂溶性且性质稳定，因而有生物累积性，因此通过食物链进入人体或动物体后，会积蓄在脂肪组织中。溴系阻燃剂是目前世界上产量最大的有机阻燃剂之一，其中主要是 PBDE 和 PBB 类物质。其危害主要表现在：①在生物链中非常稳定，具有生物富集性，可通过食物链方式对人体产生危害。②在热裂解及燃烧时会生成大量的烟尘及腐蚀性气体，产生有毒致癌的多溴代苯并噁英和多溴代二苯并呋喃。

(9) 有害聚合物单体 各种聚合物是儿童用品生产中的重要原材料。在聚合物本体之中通常会残存少量单体，某些单体被证明具有较强的毒性，会通过消费者与产品之间的接触进入消费者体内，从而引发健康危害。例如氯乙烯（VCM）是应用非常广泛的聚氯乙烯（PVC）树脂的单体，然而研究表明长期吸入和接触氯乙烯可能会诱发肝癌。又如丙烯酰胺是生产聚丙烯酰胺的原料，聚丙烯酰胺主要用于水的净化处理、纸浆的加工及管道的内涂层等。目前已经证实丙烯酰胺具有一定的神经毒性，可通过未破损的皮肤、黏膜、肺和消化道吸收进入人体，分布于体液中，可以引起人体神经，主要是周围神经的损害，体外哺乳动物细胞培养试验和体内试验表明丙烯酰胺可能有生殖毒性和致畸性，对大鼠和小鼠的长期研究表明，丙烯酰胺与甲状腺癌、肾上腺癌、乳腺癌和生殖系统癌症的发病率存在剂量-暴露关系。另外两个值得关注的物质是丙烯腈和苯乙烯，这两种物质都是合成 ABS 塑料的单体，而

ABS 塑料是五大合成塑料之一，是目前产量最大、应用最广泛的聚合物，因其性能优良被广泛用于消费品的生产加工过程中。丙烯腈和苯乙烯都属于CMR 物质，其中丙烯腈已被公认为 1B 类致癌物，而苯乙烯也于 2011 年被美国卫生部定为具有潜在致癌性的物质。

（10）有害染料   染料在儿童用品的生产中是一类重要原料。然而，其中一些染料具有一定的致癌、致敏、致基因突变的作用，可以通过儿童的吞咽、舔食、皮肤接触、眼睛接触、吸入等方式进入体内，从而对儿童的健康安全造成严重危害，鉴于有害染料的危害，世界各国和权威机构均颁布了严格的法规和技术标准进行限制。目前全世界范围禁限用的染料种类超过 240 种，大致可以分为 8 大类：含有致癌芳香胺的偶氮染料、致癌和致敏类染料、环境激素类染料、含有环境污染化学物质的染料、含有致畸物质和持久污染物的染料、重金属含量超标的染料、甲醛超标的染料、农药残留超标的染料。其中最受关注的就是含有致癌芳香胺的偶氮染料以及致癌和致敏染料。其中致敏染料又可以根据其诱发过敏反应的程度分为四类：强过敏性染料（直接接触的病人发病率高，皮肤接触试验呈阳性的染料）；较强过敏性染料（有多起过敏性病例或多起皮肤接触实验呈阳性的染料）；一般过敏性染料（发现过敏病例较少的染料）；轻度过敏性染料（仅发现一起皮肤接触实验呈阳性的染料）。

1.2   国内外相关技术法规简介

根据《世界贸易组织贸易技术壁垒协议》（WTO/TBT）的定义，"技术法规"是指"规定强制执行的产品特性或与其相关工艺和生产方法、包括适用的管理规定在内的文件。该文件还可包括专门关于适用于产品、工艺或生产方法的专门术语、符号、标志或标签要求"。在产品安全领域，技术规范也常被称为"强制性产品标准"。顾名思义，技术法规具有强制性，即只有满足技术法规要求的产品才能在实施该法规的国家或地区销售或进口。本节将对目前国内外现行的涉及儿童用品中有机污染物相关规定的技术法规进行简要的介绍。

1.2.1   中国

在我国，明确对有机污染物提出强制性要求的儿童用品技术法规主要有以下几项。

（1）GB 6675.1—2014《玩具安全第 1 部分：基本规范》 2014 年 5 月 6 日，我国发布了新版的国家玩具安全标准 GB 6675—2014，用以替代之前的玩具安全标准 GB 6675—2003，新标准将于 2016 年 1 月 1 日起正式实施。该标准的最大变化在于首次增加了对于玩具中有机类有害物质的限量要求，对 DBP（邻苯二甲酸二丁酯）、BBP（邻苯二甲酸丁苄酯）、DEHP［邻苯二甲酸二（2-乙基）己酯］、DNOP（邻苯二甲酸二正辛酯）、DINP（邻苯二甲酸二异壬酯）、DIDP（邻苯二甲酸二异癸酯）共 6 种增塑剂在玩具产品中的限量进行了规定。这也是我国首次对玩具产品中的有机污染物提出强制性要求。

（2）GB 18401—2010《国家纺织产品基本安全技术规范》 该标准为我国现行的纺织产品技术规范，将所管辖的纺织产品分成 A、B、C 三类，其中 A 类为婴幼儿用品，涉及儿童使用的尿布、内衣、睡衣、手套、袜子、外衣、帽子和床上用品。对这一类产品中的甲醛和致癌芳香胺的含量进行了严格的规定。其中甲醛的含量不得高于 20mg/kg，致癌芳香胺不得高于 20mg/kg。

（3）GB 28007—2011《儿童家具通用技术条件》 2011 年 10 月 31 日，我国正式发布了第一项针对儿童家具的技术规范，结束了我国长期以来儿童和成人合用一个家具标准的状况。该标准针对儿童抵抗力、自我防护能力较弱的特点，更加侧重安全、环保性的要求。在该标准中，明确规定了游离甲醛的含量不得高于 30mg/kg，6 种邻苯二甲酸酯的含量不得高于 0.1%，同时严格禁止儿童家具中含有致癌芳香胺类物质。

（4）GB 21027—2007《学生用品的安全通用要求》 2007 年 6 月 7 日，我国目前唯一针对学生用品的强制性技术法规正式发布。该标准规定了学生用品的安全要求、试验方法、检验规则、标识和使用说明等，适用于未成年学生使用的水彩画颜料、蜡笔、油画棒、指画颜料、橡皮泥、橡皮擦、涂改制品（修正液、修正带、修正笔）、胶黏剂、水彩笔、书写笔、记号笔、绘图用尺、本册、书包、笔袋、手工剪刀、文具盒、卷笔刀等多种学生用品。该标准中对学生用品中的多类有机污染物的最高允许量进行了规定，涉及的物质包括：游离甲醛、苯、甲苯、二甲苯、总挥发性有机物、氯代烃。

1.2.2 欧盟

欧盟是世界上最关注产品化学安全的地区。在欧盟的法律体系（包括法规、指令、决议、意见等层面）中，有多项与儿童用品中有机污染物管控相关的文件，其中最主要的包括以下几个。

（1）《化学品的注册、评估、授权和限制法规》（REACH 法规） REACH

法规是欧盟关于化学物质注册、评估、授权和管制的法律文本，于 2007 年 6 月 1 日颁布，取代了之前的数十项涉及化学品管制要求的指令。近年来，REACH 法规历经多次修改，涉及的化学物质和产品愈加丰富。该法规以"保护人类健康和环境安全"为宗旨，以"没有数据就没有市场"为原则，要求凡进口和在欧洲境内生产的化学品必须通过注册、评估、授权和限制等一组综合程序，以更好更简单地识别化学品的成分来达到确保环境和人体安全的目的。该法规中有多项涉及儿童用品中有机污染物的具体要求，涉及的化学物质包括：DEHP、DBP、BBP、DINP、DIDP、DNOP 六种邻苯二甲酸酯；22 种致癌芳香胺；苯；多氯联苯；富马酸二甲酯；磷酸三（2,3-二溴丙基）酯；三-(1-吖丙啶基）氧化膦；多溴联苯；壬基酚和壬基酚聚氧乙烯醚以及根据《物质和混合物分类、标签和包装法规》（CLP 法规）被归类为 1A、1B 和 2 类 CMR 物质的化学品。

（2）《持久性有机污染物法规》（POPs 法规）　持久性有机污染物（简称 POPs）是指人类合成的化学物质，会持久存在于环境中、透过生物食物链（网）而累积（生物蓄积性），进而对环境及人类健康造成危害影响。欧盟于 2004 年颁布了针对上述物质的技术法规，其中涉及儿童用品的持久性有机污染物包括：四溴联苯醚、五溴联苯醚、六溴联苯醚、七溴联苯醚、全氟辛烷磺酸 PFOS 和短链氯化石蜡。

（3）《欧盟玩具安全指令》（TSD 指令）　该指令于 2009 年颁布，被公认为是世界上最严厉的玩具安全技术法规。该指令的严厉之处正是体现在对于化学污染物的要求上，其中涉及有机类化学物质的要求包括以下内容。

① CMR 物质：CMR 物质指的是致癌（C）、致基因突变（M）和具有生殖毒性（R）的物质，根据欧盟 1272/2008 号（EC）法规中的定义，这类物质被分为 1A 类、1B 类及 2 类三个级别，涉及的有机类化学物质约有 1000 种。根据 TSD 的规定，1A 和 1B 级的 C/M 物质在玩具中的含量不得超过 0.1%，1A 和 1B 级的 R 物质的含量不得超过 0.3%。2 级的 C/M 物质在玩具中的含量不得超过 1%，2 级的 R 物质的含量不得超过 3%。

② 亚硝胺类物质：亚硝胺是一类具—N—N＝O 结构的强致癌有机化合物，在 100 多年前被发现，1956 年英国学者发现 N-亚硝基二甲胺（NDMA）对试验动物具有强致癌活性，亚硝胺的安全性开始受到世界范围的广泛关注。根据 TSD 的规定，在供 36 个月以下儿童使用的玩具和可放入口中的玩具中，亚硝胺类物质的迁移量不得超过 0.05mg/kg，可亚硝化的物质的迁移量不得超过 1mg/kg。目前常见的亚硝胺物质约有 300 多种。

③ 致敏性芳香剂：TSD 中对 66 种可能引起儿童过敏的具有芳香气味的化学物质进行了限制。对其中 55 种致敏性较强的物质，TSD 规定其在玩具中的含量不得高于 100mg/kg。对于另外 11 种致敏性稍弱的物质，则规定如果其含量高于 100mg/kg，则必须加以标识。TSD 还对味觉玩具、化妆品玩具及嗅觉玩具等特殊类型玩具中致敏芳香剂的使用进行了特别的规定。

④ 双酚 A：双酚 A（BPA）是一种广泛应用于塑料制造的化学物质，使用史已达 50 多年，广泛用于包括婴儿奶瓶和水瓶在内的各类日常用品，几乎所有食品和饮料罐的内壁表层都使用到含有双酚 A 的环氧树脂。双酚 A 具有较低的急性毒性，但可导致内分泌紊乱。低剂量的双酚 A 模仿人体自身的激素，可能引起健康负效应，长期低剂量摄入双酚 A 可以导致人体慢性中毒。TSD 中规定，在供 36 个月以下儿童使用的玩具以及设计放入口中的玩具中，双酚 A 的迁移量不得超过 0.1mg/L。

⑤ 磷酸三（2-氯乙基）酯、磷酸三（2-氯丙基）酯和磷酸三（1,3-二氯-2-丙基）酯：TSD 中规定，在供 36 个月以下儿童使用的玩具以及设计放入口中的玩具中，磷酸三（2-氯乙基）酯（TCEP）、磷酸三（2-氯丙基）酯（TCPP）和磷酸三（1,3-二氯-2-丙基）酯（TDCP）的含量不得超过 5mg/kg。

（4）《关于限制在电子电器设备中使用某些有害成分的指令》（RoHS 指令） 该指令于 2006 年 7 月 1 日开始正式实施，主要用于规范电子电器设备的材料及工艺标准，使之更加有利于人体健康及环境保护。电玩具、电动儿童牙刷等儿童用品需要符合 RoHS 指令的要求，其中涉及的有机类化学物质包括多溴联苯（PBB）和（PBDE），限量为 0.1%。

（5）《关于预期接触食品的塑料材料和制品》 2011 年 5 月 1 日，欧盟颁布的管控塑料类食品接触材料的新法规（EU）No 10/2011 正式生效，替代了此前已经过多次修订的塑料食品接触材料指令 2002/72/EC。（EU）No 10/2011 是以法规形式颁布的，并且在测试规则、适用范围和符合性判定规则方面进行了重大修订，较之之前的相关指令在内容和要求上更加严格。该法规的适用范围包括：材料和容器及其部件组成的塑料；多层复合物和物品以及黏合或其他方式组合在一起的塑料；带有印刷或涂层的以上两种材料或物品；塑料薄膜或塑料涂层，成型于盖子或其他密封物品内，由两种或多种不同材料连同盖子或密封物品组成的材料；多层复合材料或容器中的塑料。儿童餐具、饮料容器、婴儿奶瓶等都在该范围的管控范围内。该法规涉及的有机类化学物质种类非常多，其中比较常见的包括：邻苯二甲酸酯、三聚氰胺、甲醛、六亚甲基四胺、己内酰胺、己内酰胺及其钠盐、双酚 A、致癌芳香胺等。

1.2.3 美国

美国是目前全球主要的儿童用品消费市场，许多国际大型儿童用品制造企业也大多在美国，如 MATTEL（美泰）、HASBRO（孩之宝）等。美国联邦制的国家结构形式，导致了美国法律体系的庞杂性，美国有关产品的技术法规十分分散，既存在于国会制定的成文法——法案（Act）之中，也存在于联邦政府各部门制定的条例、要求和规范中。在美国消费品安全领域，与儿童用品中有机类有害物质管控有关的法案有：《消费品安全法案》（Consumer Product Safety Act，CPSA）、《消费品安全改进法案》（Consumer Product Safety Improvement Act）、《联邦危险品法案》（Federal Hazardous Substances Act，FHSA）、《防毒包装法案》（Poison Prevention Packing Act，PPPA）等。美国技术法规的另一个特点是数量众多，分布广泛。美国的技术法规主要收录在《美国法典》（United States Code）或《美国联邦法规典集》（Code of Federal Regulations）中，例如玩具产品方面的技术法规就分布在 16CFR 的 1500、1505、1610 等多个章节中。总体上看，美国儿童用品技术法规分为三大类：一类是美国消费品安全委员会（CPSC）所制定的美国联邦消费品安全法规第 16 部分（16CFR），此法规属于强制性规定，具有联邦法律地位，任何玩具生产商、销售商都必须严格执行；第二类是玩具生产商、销售商自愿执行的玩具标准，如 ASTM F963；还有一类是美国联邦成员中的地方性法规。这些法规中都或多或少地涉及了儿童用品中有机类有害物质的要求，其中最为重要的规定如下。

（1）邻苯二甲酸酯 2009 年，美国《消费品安全改进法案》进入全面实施阶段。该法令是自 1972 年美国消费品安全委员会成立以来颁布的最为严厉的消费者保护法。其具体规定与欧盟 REACH 以及我国的 GB 6675—2014 相同。

（2）双酚 A 旧金山市政府 2006 年 6 月 15 日通过了关于禁止在旧金山市销售含有双酚 A 的玩具和儿童护理用品的法令。目前，美国已经有多个地方出台了法规禁止婴儿产品中含有双酚 A，包括芝加哥市、萨福克县、明尼苏达州、威斯康星州、马里兰州、佛蒙特州和马萨诸塞州等。美国联邦于 2009 年 3 月提案禁止在"可重复使用的食品容器"和"其他食品容器"中使用双酚 A。这一禁令在正式通过 180 天后开始生效。2009 年 4 月 2 日纽约州萨福克县公布的决议将于 90 天后开始生效。根据此法律，在萨福克县任何人不得销售或为销售提供含有 BPA 供 3 岁以下儿童使用的婴儿奶瓶和儿童饮料容器。2010 年 7 月 1 日起，伊利诺斯州规定任何人不得销售、为销售提供、分销或为分销提供含有双酚 A 的运动水瓶，或适用于 3 岁或以下儿童的儿童食品容器，不论该容器是否装有食品或饮料。马里兰州规定儿童护理品不得含有双酚 A 或其他任何致癌或对生殖系统有毒害的物质，同时生产商需在产品上标注不含双酚 A。违反上述规定每项可被处以最高 1 万美元的罚款。2011 年 1 月美国众议院议员还提出了禁止在所有食品和饮料容器中使用双酚 A 的法案。日前，美国发出通报《指定双酚 A 作为优先级化学品和儿童用品中双酚 A 的管控》（G/TBT/N/USA/739）。

1.2.4 日本、加拿大

日本对儿童用品化学性能的规定主要见《食品卫生法》、《家用产品有害物质控制法》和《日本玩具安全标准》（ST 2012），具体与玩具中有机类有害物质相关的规定主要是针对邻苯二甲酸酯：《日本食品卫生法》中规定 DEHP 被禁止在任何合成树脂玩具中使用；DINP 被禁止在任何能直接接触婴儿或小孩嘴部的合成树脂玩具中使用（如奶嘴）。

加拿大是非常重视儿童健康和环境安全的国家，该国对于玩具产品的安全制定了严格的法律规定，在加拿大境内销售的玩具产品必须满足加拿大产品安全局制定的《危险产品（玩具）条例》和《消费品安全法》的规定。其中涉及玩具中有机类有害物质的管控要求主要涉及 6 种邻苯二甲酸酯（具体要求与欧盟、美国及我国相同）和双酚 A。

总体上看，儿童用品中有机类污染物正越来越受到各国监管机构的关注，特别是进入 21 世纪以后，随着后来对于化学品安全的日益关注，各种下游产品中的有害化学物质残留问题也开始得到重视，尤其是对于儿童用品等与消费者关系密切或是消费群体易感性较强的产品。其中欧盟是主要推动者，从 1999 年开始限制邻苯二甲酸酯在玩具中的使用，到 2007 年推出 REACH 法规，再到 2009 年发布新的《欧盟玩具安全指令》（2009/48/EC），再到 2011 年发布《关于预期接触食品的塑料材料和制品》，欧盟对于玩具中有机类有害物质的要求不断增加，并对其他国家的立法造成了示范效果，最明显的例子就是邻苯二甲酸酯，美国、加拿大和中国都是在欧盟推出针对邻苯二甲酸酯的限量法规之后陆续推出了自己的相关法规。在可以预见的未来，随着人们对于产品安全要求的日益提高，针对儿童用品中有机类污染物的要求必将越来越多，这给检测技术的发展提出了新的需求和挑战。

正是在这样的背景下，本书作者及其科研团队针对儿童用品中有机污染物的检测方法进行了深入的研究，旨在通过研究完善我国的玩具产品质量安全检测标准体系和技术储备，为保障我国消费者的健康安全，为保障我国玩具出口贸易的健康发展提供技术支撑。本书在后面的章节中将根据有害污染物的类别详细介绍相应的检测技术。

2

儿童用品中致敏性芳香剂检测

2.1 致敏性芳香剂总量的测定

2.1.1 方法提要

本方法适用于塑料、布绒、纸质及彩泥等儿童用品中丙烯酸乙酯、巴豆酸甲酯、5-甲基-2,3-己二酮、反-2-庚烯醛、反-2-己烯醛二甲基乙缩醛、苯甲醇、d-柠檬烯、柠康酸二甲酯、反-2-己烯醛二乙缩醛、芳樟醇、苯乙腈、马来酸二乙酯、2-辛炔酸甲酯、4-甲氧基苯酚、香茅醇、柠檬醛、香叶醇、肉桂醛、4-乙氧基苯酚、茴香醇、羟基香茅醛、对叔丁基苯酚、肉桂醇、苯亚甲基丙酮、丁香酚、二氢香豆素、香豆素、异丁香酚、2,4-二羟基-3-甲基苯甲醛、α-异甲基紫罗兰酮、铃兰醛、假紫罗兰酮、6-甲基香豆素、7-甲基香豆素、二苯胺、4-(4-甲氧苯基)-3-丁烯-2-酮、甲位戊基桂醛、新铃兰醛、戊基肉桂醇、金合欢醇、7-甲氧基香豆素、1-(4-甲氧苯基)-1-戊烯-3-酮、己基肉桂醛、苯甲酸苄酯、葵子麝香、水杨酸苄酯、7-乙氧基-4-甲基香豆素、肉桂酸苄酯共 48 种致敏性芳香剂含量的测定。

方法的基本原理是：对于布绒和纸质样品，采用丙酮超声提取 20min 后过 0.45μm 滤膜，经 HP-1MS 色谱柱（50m×0.2mm×0.5μm）分离，串联质谱检测，外标法定量。对于塑料和彩泥样品，分别采取溶解-沉淀方式提取和二次超声提取，经 Envi-carb 石墨化碳固相萃取小柱净化，旋蒸、氮吹浓缩，过 0.45μm 滤膜后经仪器测定，外标法定量。方法对于不同物质在其线性范围内具有较好的线性，定量限（LOQ）在 0.02～20mg/kg，低、中、高三个添加水平的平均回收率在 79.5%~110.8%，相对标准偏差在 0.5%~10.5%。

2.1.2 待测物质基本信息

待测物质基本信息列于表 2-1 中（表中 CAS 为化学物质登录号，由一组数字组成，每一种已经发现的化合物都有唯一对应的编号）。

表 2-1 待测物质基本信息

中文名称	CAS 号	分子式	相对分子质量	结构式
丙烯酸乙酯①	140-88-5	$C_5H_8O_2$	100.12	
巴豆酸甲酯①	623-43-8	$C_5H_8O_2$	100.12	
5-甲基-2,3-己二酮①	13706-86-0	$C_7H_{12}O_2$	128.17	
反-2-庚烯醛①	18829-55-5	$C_7H_{12}O$	112.17	
反-2-己烯醛二甲基乙缩醛①	18318-83-7	$C_8H_{16}O_2$	144.21	
苯甲醇①	100-51-6	C_7H_8O	108.14	
d-柠檬烯②	5989-27-5	$C_{10}H_{16}$	136.23	
柠康酸二甲酯①	617-54-9	$C_7H_{10}O_4$	158.15	
反-2-己烯醛二乙缩醛①	67746-30-9	$C_{10}H_{20}O_2$	172.26	
芳樟醇②	78-70-6	$C_{10}H_{18}O$	154.25	

中文名称	CAS 号	分子式	相对分子质量	结构式
苯乙腈①	140-29-4	C_8H_7N	117.15	
马来酸二乙酯①	141-05-9	$C_8H_{12}O_4$	172.18	
2-辛炔酸甲酯②	111-12-6	$C_9H_{14}O_2$	154.21	
4-甲氧基苯酚①	150-76-5	$C_7H_8O_2$	124.14	
香茅醇②	106-22-9	$C_{10}H_{20}O$	156.27	
柠檬醛①	5392-40-5	$C_{10}H_{16}O$	152.23	
香叶醇①	106-24-1	$C_{10}H_{18}O$	154.25	
肉桂醛①	104-55-2	C_9H_8O	132.16	
4-乙氧基苯酚①	622-62-8	$C_8H_{10}O_2$	138.16	
茴香醇②	105-13-5	$C_8H_{10}O_2$	138.16	
羟基香茅醛①	107-75-5	$C_{10}H_{20}O_2$	172.26	
对叔丁基苯酚①	98-54-4	$C_{10}H_{14}O$	150.22	

续表

中文名称	CAS号	分子式	相对分子质量	结构式
肉桂醇[①]	104-54-1	$C_9H_{10}O$	134.18	
苯亚甲基丙酮[①]	122-57-6	$C_{10}H_{10}O$	146.19	
丁香酚[①]	97-53-0	$C_{10}H_{12}O_2$	164.2	
二氢香豆素[①]	119-84-6	$C_9H_8O_2$	148.16	
香豆素[①]	91-64-5	$C_9H_6O_2$	146.14	
异丁香酚[①]	97-54-1	$C_{10}H_{12}O_2$	164.2	
2,4-二羟基-3-甲基苯甲醛[①]	6248-20-0	$C_8H_8O_3$	152.15	
α-异甲基紫罗兰酮[②]	127-51-5	$C_{14}H_{22}O$	206.32	
铃兰醛[②]	80-54-6	$C_{14}H_{20}O$	204.31	
假紫罗兰酮[①]	141-10-6	$C_{13}H_{20}O$	192.3	

续表

中文名称	CAS 号	分子式	相对分子质量	结构式
6-甲基香豆素[①]	92-48-8	$C_{10}H_8O_2$	160.17	
7-甲基香豆素[①]	2445-83-2	$C_{10}H_8O_2$	160.17	
二苯胺[①]	122-39-4	$C_{12}H_{11}N$	169.2	
4-(4-甲氧苯基)-3-丁烯-2-酮[①]	943-88-4	$C_{11}H_{12}O_2$	176.21	
甲位戊基桂醛[①]	122-40-7	$C_{14}H_{18}O$	202.29	
新铃兰醛[①]	31906-04-4	$C_{13}H_{22}O_2$	210.31	
戊基肉桂醇[①]	101-85-9	$C_{14}H_{20}O$	204.31	
金合欢醇[②]	4602-84-0	$C_{15}H_{26}O$	222.37	
7-甲氧基香豆素[①]	531-59-9	$C_{10}H_8O_3$	176.17	
1-(4-甲氧苯基)-1-戊烯-3-酮[①]	104-27-8	$C_{12}H_{14}O_2$	190.24	

续表

中文名称	CAS 号	分子式	相对分子质量	结构式
己基肉桂醛[②]	101-86-0	$C_{15}H_{20}O$	216.32	
苯甲酸苄酯[②]	120-51-4	$C_{14}H_{12}O_2$	212.24	
葵子麝香[①]	83-66-9	$C_{12}H_{16}N_2O_5$	268.27	
水杨酸苄酯[①]	118-58-1	$C_{14}H_{12}O_3$	228.24	
7-乙氧基-4-甲基香豆素[①]	87-05-8	$C_{12}H_{12}O_3$	204.22	
肉桂酸苄酯[②]	103-41-3	$C_{16}H_{14}O_2$	238.28	

① 玩具安全新指令 2009/48/EC 中禁用化合物。

② 根据玩具安全新指令 2009/48/EC，当物质浓度超过 100mg/kg 时需要在包装上声明。

2.1.3 国内外检测技术方法及对比

对于产品中致敏性芳香剂的测定，国内外研究者已经进行了一些研究，针对的产品主要是各种化妆品，也涉及香水、精油、洗涤用品、室内空气、玩具、水等，涉及的致敏芳香剂种类主要是欧盟化妆品指令 76/768/EEC 中规定限制使用的 26 种物质，采用的分析方法主要是气相色谱法和气相色谱-质谱联用法。气相色谱具有卓越的分离性能，与质谱结合后，不仅能排除基质和杂质峰的干扰，而且能极大地提高灵敏度，特别适合于易挥发性物质的检测。采用液相色谱对产品中致敏芳香剂进行测定，也有一些文献报道。

Lamas 课题组在致敏芳香剂的检测方面做了大量的工作，特别是对新型样品前处理方式的研究较为深入。他们通过固相分散加压液相萃取-气相色谱质谱法测定化妆品样品中的 26 种致敏芳香剂，通过动态采样结合超声辅助溶剂提取，气相色谱-质谱检测室内空气中的 24 种致敏芳香剂。固相富集结合固相微萃取，气相色谱-质谱检测的方法测定室内空气中 24 种致敏芳香剂。通过超声辅助-乳化微萃取结合气相色谱-质谱的方法测定水中 25 种致敏芳香剂。以及固相微萃取-气相色谱质谱法测定婴儿洗澡水中的 15 种致敏芳香剂。Chaintreau 等采用气相色谱-质谱联用的方法对香水中 24 种致敏芳香剂进行了测定。Niederer 等学者提出基于尺寸排阻色谱与气相色谱-质谱联用法测定化妆品中的 24 种致敏芳香剂。Tsiallou 等采用分散液液微萃取-气相色谱质谱法对水样中的 21 种致敏芳香剂进行了测定。Villa 等则采用反相液相色谱（DAD检测器）的方法对精油及化妆品中 24 种致敏芳香剂进行了测定。王超等采用液液萃取-气相色谱质谱法对化妆品中 16 种致敏芳香剂进行了测定，检出限10mg/kg，并在多种化妆品中有检出。在玩具产品检测方面，Rastogi 等采用气相色谱-质谱法测定儿童化妆品及化妆品玩具中 21 种致敏性芳香剂。Masuck 等基于顶空固相微萃取-气相色谱-质谱技术，测定香味玩具中 26 种致敏芳香剂在 23℃（正常使用情况）和 40℃（最坏使用情况）条件下在空气中的释放量。他们还基于动态顶空-气相色谱质谱法测定 24 种致敏芳香剂经唾液或汗液从玩具迁移至儿童体内的迁移量，检测限 0.5～196ng/mL，并以迁移数据为基础估算了致敏芳香剂的最大暴露水平。

针对欧盟玩具安全指令 2009/48/EC，现有技术尚不能满足玩具中致敏性芳香剂的实际检测，主要原因是存在以下三个方面的不足。

① 现有技术涉及的致敏芳香剂种类较少，目前方法都是针对欧盟化妆品指令 76/768/EEC 规定的 24 种单一组成的致敏芳香剂，而在欧盟玩具指令2009/48/EC 中涉及的单一组成的致敏芳香剂有 58 种。

② 现有技术采用的分析方法主要是气相色谱法、气相色谱-质谱联用法和液相色谱法，而 80%以上的研究人员采用了气相色谱-质谱法。气相色谱具有卓越的分离性能，与质谱结合后，具有较高的选择性和灵敏度，适合于易挥发性物质的检测。然而由于玩具样品基质较为复杂，如塑胶玩具里含有聚合物、染料、有机溶剂、增塑剂及一些其他添加剂，彩泥玩具中含有聚合物、有机酸、着色剂、增塑剂及面粉等，在测定物质种类较多的情况下，采用单纯的气相色谱或液相色谱，甚至气相色谱-单级质谱进行测定时，受样品基质背景干扰严重，不能提供足够的选择性及灵敏度，造成检测"假阳性"或"难以定量"的可能性很大。气相色谱结合串联质谱在复杂基质中痕量物质检测方面的应用较为广泛，可明显提高方法的选择性，使得物质的定性更加准

确，定量更加灵敏。

③ 现有技术大多是采用复杂的样品前处理技术，结合色谱质谱检测，方法的操作步骤较多、相对复杂、耗时较长，不适合作为针对口岸检测一线所需的快速筛查方法。由于玩具样品量大，待检测的致敏芳香剂种类较多，并且超过 95% 的样品均为合格样品（即致敏芳香剂含量＜100mg/kg），因此在实际工作中口岸一线检测人员希望采用"快速筛查方法＋确证方法"的模式进行检测。快速筛查方法要求操作简单快速、无需样品前处理、对环境友好，适用于大量玩具产品中目标物质的快速筛查。而确证方法要求定性准确，定量灵敏，适用于可疑玩具产品中或复杂基质玩具产品中目标物质的确证研究。这一模式有助于提高检测效率、降低检测成本。

此外，需要说明的是，在欧盟玩具新指令 2009/48/EC 规定的 66 种禁限用致敏芳香剂中，有 8 种（土木香、土荆芥油、无花果叶、木香油、秘鲁香膏粗品、马鞭草油、橡苔、树苔）为天然植物提取物，这些提取物是由上百种化学物质所组成的混合物，不适合用色谱-质谱联用技术进行分析。另外，还有 10 种物质（异硫氰酸烯丙酯、兔耳草醇、3,7-二甲基-2-辛烯-1-醇、4,6-二甲基-8-叔丁基香豆素、7,11-二甲基-4,6,10-十二碳三烯-3-酮、氢化松香醇、6-异丙基-2-十氢萘酚、六氢香豆素、2-亚戊基环己酮、3,6,10-三甲基-3,5,9-十一碳三烯-2-酮）的标准品目前还无法从商业途径获得，因此本方法只适用于其余的 48 种致敏芳香剂。

2.1.4　试剂与材料

48 种致敏性芳香剂的 CAS 号、分子结构式以及标准物质的纯度等信息整理在表 2-1 中。实验中所用有机溶剂（丙酮、甲醇、二氯甲烷、乙酸乙酯、正己烷等）均为色谱纯。

以丙酮为溶剂，配制每种化合物 1mg/L 的标准储备液以及全混储备液。随后用丙酮稀释至所需浓度的标准工作溶液，于 4℃ 条件下保存在棕色容量瓶中。

Supleclean Envi-carb 石墨化碳固相萃取小柱（500mg，6mL）；0.45μm PTFE 滤膜过滤器。

2.1.5　仪器检测条件

检测设备为 Varian 450-240 型气相色谱-离子阱质谱联用仪（见彩色插图 1），配 Varian cp-8400 自动进样器，Saturn MS workstation version 6.9.2 操作软件。

辅助设备包括电子天平（感量为 0.0001g）、粉碎机、固相萃取装置等。

色谱柱：HP-1MS 毛细管柱（50m×0.2mm×0.5μm）。载气：高纯氦（99.999%），流量为 0.7mL/min；不分流进样，进样量 1μL。进样口温度：280℃。程序升温：初始温度为 50℃，保持 1min 后以 5℃/min 的速率升至 155℃，保持 6min，然后以 3℃/min 的速率升至 260℃（总分离时间为 63min）。

质谱离子源：内源，采用 EI 电离方式，电离能量 70eV。真空组件温度（manifold temperature）：50℃。离子阱温度（trap temperature）：220℃。传输线温度（transfer line temperature）：280℃。灯丝电流（emission current）：10μA。溶剂延迟 8min。

2.1.6 样品处理

2.1.6.1 提取

对于塑料样品，将样品粉碎至 2mm×2mm×2mm 以下，称取 1g 样品于 50mL 锥形瓶中，加入 10mL 相应试剂溶解（ABS 塑料用丙酮溶解，PS 塑料用二氯甲烷溶解，PVC 塑料用四氢呋喃溶解），超声振荡 15min。待溶解完全后，滴加 10mL 甲醇，振摇直至塑料基质沉淀完全，再用 5mL 甲醇冲洗锥形瓶，所有溶液合并至离心管中，在 13000r/min、4℃ 条件下离心 8min，取澄清溶液待用。

对于彩泥样品，将样品粉碎至 2mm×2mm×2mm 以下，称取 1g 样品于 50mL 锥形瓶中，加入 10mL 丙酮，超声提取 15min，将澄清溶液收集至 50mL 离心管中。然后用 10mL 甲醇超声提取 15min，再用 5mL 甲醇冲洗锥形瓶，所有溶液合并至离心管中。在 13000r/min、4℃ 条件下离心 8min，取澄清溶液待用。

对于布绒和纸质样品，将样品粉碎至 5mm×5mm 以下，称取 1.000g 样品置于 50mL 锥形瓶中，加入 20mL 丙酮作为提取溶剂，室温下超声提取 20min。

2.1.6.2 净化及浓缩

采用固相萃取（SPE）技术来对提取溶液进行净化，首先用 5mL 甲醇润洗 Envi-carb 石墨化碳固相萃取小柱，将提取步骤得到的澄清溶液过柱，速度控制在约 3mL/min，用 15mL 二氯甲烷洗脱，收集所有过柱液体于鸡心瓶中。将溶液通过在 10kPa、30℃ 条件下旋蒸以及缓氮气流吹扫步骤浓缩至 5mL。将溶液过 0.45μm 微孔的 PTFE 滤膜后供仪器测定。

对于布绒和纸质样品，如果提取后的溶液无颜色或颜色很浅，此时可直接过滤膜后上机测定。如果提取后溶液颜色较深，需采用固相萃取进行净化。具体做法可参照彩泥样品。

2.1.7　条件优化和方法学验证

2.1.7.1　气相色谱条件的优化

在2.1.5节所列出的气相色谱条件下，48种致敏芳香剂能够在63min内被检测完。图2-1为48种物质标准溶液（浓度为40mg/kg）的总离子流色谱图（TIC），由图可见，大多数物质可达到基线分离。需要注意的是，由于6-甲基香豆素和7-甲基香豆素为同分异构体，未能将其有效分离，且质谱参数

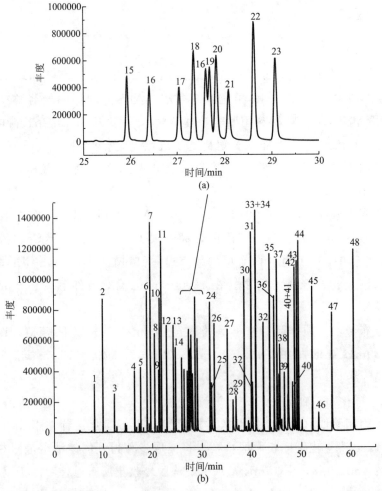

图 2-1　48 种致敏性芳香剂混合标准溶液（40mg/L）的总离子流色谱图

（图中物质编号与表 2-2 中一致）

完全一样，因此针对这两种物质，以二者的总量来进行定量。

2.1.7.2　MS/MS方法的优化

MS/MS方法通过以下两个步骤建立。

首先，在SCAN模式下对各物质的单标进行扫描，扫描范围m/z为40～400，选定信号较强且具有较高荷质比的作为母离子。然而，为保证有更好的选择性和低的噪声水平，对于一些物质，比如茴香醇和己基肉桂醛母离子选为$m/z138$和$m/z145$，而不是质谱信号最强的$m/z109$和$m/z129$。接下来进行激发电压的优化，以得到最合适的子离子以及其最佳峰度值。

其次，在SCAN模式下测定48种物质的全混标准溶液，通过色谱条件的优化使得48种物质得到较好的色谱分离。基于各物质的保留时间和母离子，将所有物质划分为13个片段。隔离窗口根据物质不同设置在m/z之间。48种物质的色谱保留时间、监测离子对等信息见表2-2。

表2-2　48种物质的色谱保留时间、监测离子对等信息

序号	化合物名称	保留时间/min	定量离子对（m/z）	辅助定性离子对（m/z）
1	丙烯酸乙酯	8.17	99＞77(0.4v,4)	99＞81(0.4v,4)
2	巴豆酸甲酯	9.97	85＞57(0.3v,3)	100＞69(0.4v,3)
3	5-甲基-2,3-己二酮	12.30	85＞57(0.5v,3)	85＞41(0.5v,3)
4	反-2-庚烯醛	16.34	83＞55(0.4v,3)	95＞79(0.4v,5)
5	反-2-己烯醛二甲基乙缩醛	17.58	113＞71(0.6v,3)	113＞97(0.6v,3)
6	苯甲醇	18.93	108＞79(0.6v,4)	91＞65(0.4v,4)
7	d-柠檬烯	19.65	107＞91(0.6v,4)	136＞94(0.5v,3)
8	柠康酸二甲酯	20.53	127＞99(0.4v,4)	127＞69(0.4v,4)
9	反-2-己烯醛二乙缩醛	21.33	127＞85(0.7v,3)	127＞98(0.8v,3)
10	芳樟醇	21.51	93＞77(0.6v,4)	121＞93(0.4v,3)
11	苯乙腈	21.87	117＞90(0.4v,4)	90＞63(0.9v,4)
12	马来酸二乙酯	22.93	127＞99(0.4v,4)	127＞82(0.5v,4)
13	2-辛炔酸甲酯	24.29	123＞93(0.7v,4)	123＞67(0.5v,4)
14	4-甲氧基苯酚	24.70	124＞109(0.6v,4)	109＞81(0.6v,4)
15	香茅醇	25.98	95＞67(0.4v,4)	128＞81(0.7v,3)
16	柠檬醛异构体1	26.41	137＞95(0.5v,3)	137＞109(0.4v,3)
16	柠檬醛异构体2	27.62	137＞95(0.5v,3)	137＞109(0.4v,3)
17	香叶醇	27.06	93＞65(1.2v,4)	123＞81(0.7v,5)
18	肉桂醛	27.36	131＞103(0.7v,4)	131＞77(0.8v,4)

序号	化合物名称	保留时间/min	定量离子对(m/z)	辅助定性离子对(m/z)
19	4-乙氧基苯酚	27.71	138＞110(0.6v,3)	110＞82(0.6v,3)
20	茴香醇	27.82	138＞109(0.5v,4)	109＞94(0.7v,5)
21	羟基香茅醛	28.10	95＞67(0.4v,4)	121＞93(0.7v,3)
22	对叔丁基苯酚	28.66	135＞107(0.6v,3)	107＞77(0.6v,3)
23	肉桂醇	29.12	92＞65(1.0v,4)	115＞89(0.7v,4)
24	苯亚甲基丙酮	31.64	103＞77(0.5v,4)	131＞103(0.4v,3)
25	丁香酚	31.91	164＞149(0.6v,3)	164＞131(0.7v,3)
26	二氢香豆素	32.51	120＞91(0.6v,4)	148＞120(0.8v,4)
27	香豆素	35.17	118＞90(0.4v,3)	146＞118(0.8v,3)
28	异丁香酚	36.23	164＞149(0.6v,4)	164＞131(0.7v,4)
29	2,4-二羟基-3-甲基苯甲醛	36.83	151＞67(1.2v,4)	151＞95(1.2v,4)
30	α-异甲基紫罗兰酮	38.54	135＞79(0.8v,4)	135＞107(0.4v,4)
31	铃兰醛	39.95	189＞131(1.0v,3)	147＞129(0.8v,4)
32	假紫罗兰酮异构体1	40.16	109＞79(0.6v,4)	149＞93(0.7v,4)
	假紫罗兰酮异构体2	42.34	109＞79(0.6v,4)	149＞93(0.7v,4)
33	6-甲基香豆素	40.88	160＞132(0.4v,4)	132＞103(1.6v,4)
34	7-甲基香豆素	40.88	160＞132(0.4v,4)	132＞103(1.6v,4)
35	二苯胺	43.62	169＞140(3.2v,3)	169＞115(3.2v,3)
36	4-(4-甲氧苯基)-3-丁烯-2-酮	44.50	161＞133(0.6v,4)	176＞145(0.6v,4)
37	甲位戊基桂醛	45.09	203＞145(1.2v,4)	203＞129(1.6v,4)
38	新铃兰醛	45.47	136＞107(0.4v,3)	136＞79(0.7v,3)
39	戊基肉桂醇	46.57	133＞115(0.7v,4)	187＞130(0.7v,3)
40	金合欢醇异构体1	47.28	93＞77(0.4v,4)	107＞91(0.5v,4)
	金合欢醇异构体2	47.81	93＞77(0.4v,4)	107＞91(0.5v,4)
	金合欢醇异构体3	48.24	93＞77(0.4v,4)	107＞91(0.5v,4)
41	7-甲氧基香豆素	47.37	148＞133(0.7v,3)	176＞148(0.8v,3)
42	1-(4-甲氧苯基)-1-戊烯-3-酮	48.64	161＞133(0.6v,4)	190＞161(1.4v,4)
43	己基肉桂醛	49.08	145＞117(0.7v,4)	129＞102(1.7v,5)
44	苯甲酸苄酯	49.46	194＞165(1.7v,3)	105＞77(0.6v,3)
45	葵子麝香	52.23	253＞219(0.6v,5)	253＞121(1.3v,5)
46	水杨酸苄酯	53.47	91＞65(0.4v,3)	228＞210(0.8v,3)
47	7-乙氧基-4-甲基香豆素	56.21	204＞148(1.9v,4)	148＞91(1.1v,4)
48	肉桂酸苄酯	60.61	131＞103(0.7v,3)	192＞115(1.1v,4)

2.1.7.3　单级质谱与串联质谱选择性的比较

基质干扰是玩具中致敏芳香剂检测必须考虑的问题。有些样品基质比较复杂，特别是塑料和彩泥样品。塑料样品里含有聚合物、染料、有机溶剂、增塑剂及其他一些添加剂，而彩泥样品中含有聚合物、有机酸、着色剂、增塑剂及面粉等。另一方面，48 种待测物质具有很宽的极性范围，使得通过固相萃取或其他净化手段除去基质干扰很困难。因此，在使用单级质谱进行分析时常会因为基质干扰，导致定性时出现"假阳性"或"难以定量"等情况。举例说明，我们用离子阱的单级质谱模式（SIS 模式）测定含有反-2-庚烯醛的彩泥样品，结果见图 2-2(a)，可以看到反-2-庚烯醛几乎被"淹没"在背景里，难以对其进行准确定性与定量。类似的现象也在测定另一样品中的 d-柠檬烯时发现 ［见图 2-2(c)］。为克服这些问题，本方法采用离子阱的二级质谱（MS/MS 模式）测定上述样品中的同一物质，结果见图 2-2(b) 和图 2-2(d)。可以看出，MS/MS 模式提供了更好的选择性和灵敏度，抗基质背景干扰能力更强，定性定量均获得了明显改善。

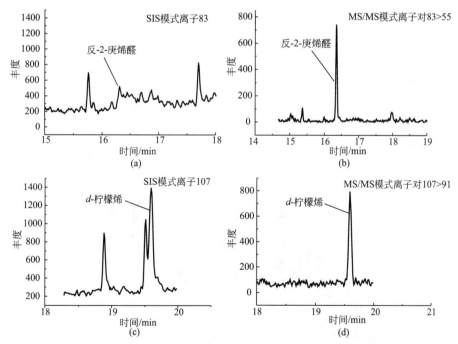

图 2-2　离子阱质谱的 SIS 模式和 MS/MS 模式测定同一阳性样品中相同物质时的对比

2.1.7.4　样品处理条件的优化

（1）提取条件的优化　已报道的提取致敏芳香剂的方法有固相微萃取、

超声辅助溶剂提取、顶空固相微萃取、基质固相萃取、固相分散加压液相萃取、超声辅助乳化微萃取等，涉及的主要是化妆品、水样等，对于玩具类儿童用品则很少，除动态顶空、顶空固相微萃取外并未见其他相关报道。本方法针对不同的玩具材质选择相应的提取方式。

对于塑料样品，我们选取了较常被用为玩具材料的 ABS、PS 和 PVC 塑料作为对象，利用适当有机溶剂将塑料充分溶解，然后用甲醇作为沉淀剂使塑料基质沉淀，从而可将塑料中的有害物质较充分地提取出来。经过相关资料查询及实验，确定 ABS 塑料可用丙酮溶解，PS 塑料用二氯甲烷溶解，PVC 塑料用四氢呋喃溶解。采用甲醇作为沉淀剂，可有效使塑料沉淀。

对于布绒和纸质样品，采用超声辅助溶剂提取的方式。为计算致敏芳香剂物质的提取效率，我们针对每种样品材质制作了阳性样品。通过测定各物质的提取回收率来进行提取条件的优化，包括提取溶剂和提取时间等。以提取布绒玩具中 6 种典型物质 [4-甲氧基苯酚、肉桂醛、茴香醇、丁香酚、4-(4-甲氧苯基)-3-丁烯-2-酮、香豆素] 为例，来说明方法的优化过程。首先，以 20mL 五种不同溶剂（正己烷、二氯甲烷、乙酸乙酯、甲醇和丙酮）分别对 1g 阳性样品超声提取 30min，由结果（见图 2-3）可知，丙酮的回收率最高。然后以 20mL 丙酮作为提取溶剂，分别对 1g 阳性样品超声提取 10min、15min、20min、25min、30min 和 40min，最终选定 20min 作为提取时间（见

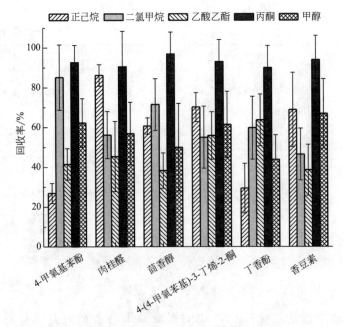

图 2-3   采用不同提取溶剂对布绒玩具中芳香剂的回收率（$n=3$）

图 2-4），可在较短的时间内达到满意的回收率。

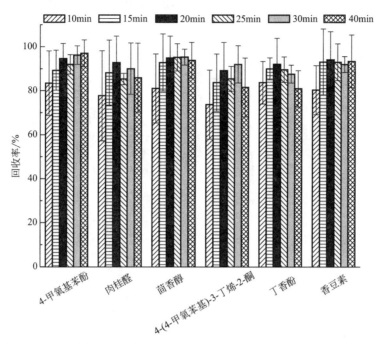

图 2-4　采用丙酮溶剂提取不同时间对布绒玩具中芳香剂的回收率（$n=3$）

对于彩泥样品，同样采用超声辅助溶剂提取的方式。以 20mL 五种不同溶剂（正己烷、二氯甲烷、乙酸乙酯、甲醇和丙酮）分别对 1g 阳性样品超声提取 30min，由结果（见图 2-5）可见，五种溶剂得到的回收率均偏低（＜85％），这可能与彩泥样品具有更为复杂的基质组成有关。因此尝试采用两步提取法对彩泥玩具进行提取。首先，以 10mL 丙酮作为提取溶剂，对 1g 阳性样品超声提取 15min（同时做 5 组），将澄清溶液转移至锥形瓶后，分别用 10mL 五种不同溶剂对彩泥残渣进行第二次超声提取（15min），将两次提取的溶液分别合并后进行测定。由结果（见图 2-6）可见，二次提取后的回收率大大提高，采用 10mL 丙酮＋10mL 甲醇的组合可得到最佳的回收率（＞90％）。

（2）净化及浓缩　玩具样品经溶剂提取后所得到的提取溶液中常会含有色素类物质，这类物质浓度较高时会对色谱柱、离子源等仪器系统的重要组件造成污染。为了避免污染，我们采用石墨化碳固相萃取柱来除去这些杂质。我们的实验也证明了其对色素的吸附能力，见图 2-7（彩色图片见彩色插图 2）。

石墨化碳固相萃取柱除了有效吸附色素外，还会吸附一部分待测物质，因此需要选择合适的洗脱溶剂以得到理想的回收率。我们对丙酮、甲醇、正

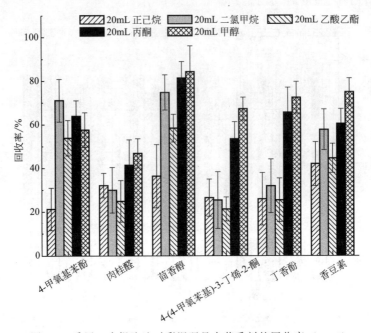

图 2-5　采用一步提取法对彩泥玩具中芳香剂的回收率（$n=3$）

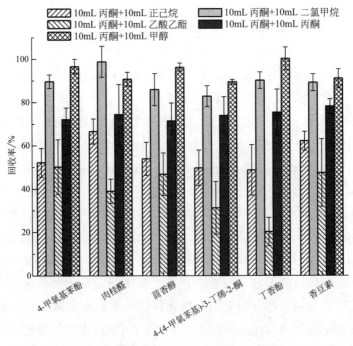

图 2-6　采用两步提取法对彩泥玩具中芳香剂的回收率（$n=3$）

(a) 处理之前

(b) 固相萃取之前

(c) 固相萃取之后

图 2-7　6 种彩泥样品在处理之前、固相萃取之前
和固相萃取之后的照片

己烷、乙酸乙酯和二氯甲烷 5 种溶剂作为洗脱溶剂的效果进行了考察。在空白样品的提取液中添加了 48 种致敏芳香剂（最终体积及浓度分别为 25mL、4mg/L），分别采用 15mL 丙酮、甲醇、正己烷、乙酸乙酯和二氯甲烷进行洗脱，将得到的回收率进行对比。结果发现，对于大部分物质来说，采用上述 5 种溶剂进行洗脱均能得到满意的回收率（＞80％）。但是对于有些物质［反-2-己烯醛二乙缩醛、茴香醇、丁香酚、4-(4-甲氧苯基)-3-丁烯-2-酮、水杨酸苄酯和 7-乙氧基-4-甲基香豆素］，采用 5 种溶剂洗脱得到的回收率具有明显差异，其结果如图 2-8 所示。从图 2-8 中可以看出，二氯甲烷作为洗脱溶剂得到的回收率要优于其他溶剂，因此在本方法中以二氯甲烷作为洗脱溶剂。

需要指出的是，得益于串联质谱方法的高选择性，在本方法中并未采用更多的净化步骤以期最大限度地减小基质干扰。另外，在测定丙烯酸乙酯、巴豆酸甲酯、d-柠檬烯和反-2-己烯醛二乙缩醛 4 种物质时，如果在固相萃取之后对样品溶液进行旋蒸处理，回收率会很低（＜60％），这可能是由于这些物质具有较大的饱和蒸气压所导致的。因此，在分析上述 4 种物质时，直接将固相萃取净化后得到的溶液定容至 50mL，然后经过滤膜过滤后直接上机测定。

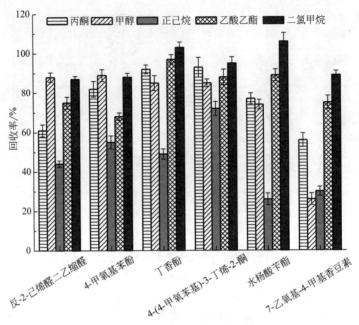

图 2-8　固相萃取步骤中以不同溶剂洗脱得到的回收率（$n = 4$）

2.1.7.5　方法确证

将目标物质添加到空白玩具样品当中，以色谱响应信号大于噪声 10 倍时（$S/N > 10$）对应的样品中物质含量作为定量限（LOQ）。各物质定量限的值为 0.02～20mg/kg。可以看到，得到的各物质定量限远低于欧盟玩具安全新指令的定量限（100mg/kg）。

48 种物质的线性范围、相关系数、方法的定量限列于表 2-3 中。

表 2-3　48 种物质的线性范围、相关系数、方法的定量限

序号	化合物名称	线性范围 /(mg/L)	相关系数	布绒、纸质方法定量限 LOQ/(mg/kg)	塑胶、彩泥方法定量限 LOQ/(mg/kg)
1	丙烯酸乙酯	0.2～50	0.9990	4.0	10
2	巴豆酸甲酯	0.05～20	0.9995	2.0	5.0
3	5-甲基-2,3-己二酮	0.02～10	0.9996	0.4	0.5
4	反-2-庚烯醛	0.05～10	0.9993	1.0	0.25
5	反-2-己烯醛二甲基乙缩醛	0.2～20	0.9968	4.0	1.0
6	苯甲醇	0.005～5	0.9995	0.1	0.05
7	d-柠檬烯	0.05～10	0.9992	1.0	5.0
8	柠康酸二甲酯	0.005～5	0.9993	0.1	0.05

续表

序号	化合物名称	线性范围/(mg/L)	相关系数	布绒、纸质方法定量限LOQ/(mg/kg)	塑胶、彩泥方法定量限LOQ/(mg/kg)
9	反-2-己烯醛二乙缩醛	0.5～10	0.9943	10	20
10	芳樟醇	0.02～10	0.9994	0.4	0.1
11	苯乙腈	0.002～5	0.9985	0.04	0.02
12	马来酸二乙酯	0.01～10	0.9995	0.2	0.05
13	2-辛炔酸甲酯	0.05～20	0.9996	1.0	0.25
14	4-甲氧基苯酚	0.01～20	0.9988	0.2	0.05
15	香茅醇	0.05～20	0.9991	1.0	0.25
16	柠檬醛	0.2～20	0.9996	4.0	1.0
17	香叶醇	0.5～20	0.9986	10	2.5
18	肉桂醛	0.01～20	0.9999	0.2	0.05
19	4-乙氧基苯酚	0.02～20	0.9995	0.4	0.25
20	茴香醇	0.02～20	0.9990	0.4	0.25
21	羟基香茅醛	0.5～50	0.9991	10	2.5
22	对叔丁基苯酚	0.005～5	0.9995	0.1	0.05
23	肉桂醇	0.1～20	0.9986	2.0	0.5
24	苯亚甲基丙酮	0.02～10	0.9996	0.4	0.1
25	丁香酚	0.2～20	0.9992	4.0	1.0
26	二氢香豆素	0.005～5	0.9991	0.1	0.05
27	香豆素	0.005～5	0.9987	0.1	0.05
28	异丁香酚	0.2～20	0.9985	4.0	1.0
29	2,4-二羟基-3-甲基苯甲醛	0.2～10	0.9768	4.0	1.0
30	α-异甲基紫罗兰酮	0.01～10	0.9999	0.2	0.05
31	铃兰醛	0.01～20	0.9999	0.2	0.05
32	假紫罗兰酮	0.2～20	0.9995	4.0	1.0
33	6-甲基香豆素	0.02～20	0.9993	0.4	0.1
34	7-甲基香豆素				
35	二苯胺	0.005～5	0.9998	0.1	0.05
36	4-(4-甲氧苯基)-3-丁烯-2-酮	0.02～10	0.9983	0.4	0.1
37	甲位戊基桂醛	0.05～20	0.9991	1.0	0.25
38	新铃兰醛	0.5～50	0.9996	10	2.5
39	戊基肉桂醇	0.5～50	0.9997	10	2.5
40	金合欢醇	1～50	0.9963	20	5

序号	化合物名称	线性范围 /(mg/L)	相关系数	布绒、纸质 方法定量限 LOQ/(mg/kg)	塑胶、彩泥 方法定量限 LOQ/(mg/kg)
41	7-甲氧基香豆素	0.05～20	0.9989	1.0	0.25
42	1-(4-甲氧苯基)-1-戊烯-3-酮	0.01～10	0.9997	0.2	0.25
43	己基肉桂醛	0.05～20	0.9999	1.0	0.5
44	苯甲酸苄酯	0.02～20	0.9992	0.4	0.25
45	葵子麝香	0.2～50	0.9985	4.0	1.0
46	水杨酸苄酯	0.2～10	0.9850	4.0	1.0
47	7-乙氧基-4-甲基香豆素	0.1～10	0.9988	2.0	0.5
48	肉桂酸苄酯	0.05～20	0.9984	1.0	0.25

　　通过在 4 种材质空白样品中对每种芳香剂设定 3 个不同添加水平，得到各物质的回收率范围在 79.5%～109.1%，一天之内的重复性（intraday repeatability）相对标准偏差（RSD，$n=6$）小于 10.5%，均值为 3.7%。天与天之间的重复性（interday repeatability）相对标准偏差（RSD，$n=4$）范围在 3.1%～13.4%。鉴于篇幅有限，仅列出布绒样品及塑料样品的具体数据。其中，表 2-4 为布绒样品中 48 种物质的测定数据，表 2-5 为塑料样品中 44 种物质的测定数据（可以进行旋蒸浓缩的），表 2-6 为塑料样品中丙烯酸乙酯等 4 种物质的测定数据（不能进行旋蒸浓缩，否则回收率会明显降低的）。

表 2-4　布绒样品中 48 种物质的回收率、重复性数据

序号	回收率(日内重复性,RSD,$n=6$)			日间重复性 (RSD,$n=4$)/% (添加水平为 100mg/kg)
	添加水平/(mg/kg)	平均回收率/%	RSD/%	
1	4	98.5	6.2	4.0
	40	95.0	2.8	
	100	99.6	2.5	
2	4	97.4	3.5	5.8
	40	96.2	5.3	
	100	95.9	2.4	
3	0.4	97.9	4.6	4.2
	40	100.9	2.2	
	100	97.9	1.7	
4	4	95.8	5.0	6.1
	40	101.5	2.4	
	100	99.3	1.9	

续表

序号	回收率(日内重复性,RSD,$n=6$)			日间重复性 (RSD,$n=4$)/% (添加水平为 100mg/kg)
	添加水平/(mg/kg)	平均回收率/%	RSD/%	
5	4	95.3	3.8	3.3
	40	110.4	3.6	
	100	109.1	4.1	
6	0.4	96.2	2.4	4.6
	40	95.5	3.4	
	100	97.1	2.3	
7	4	95.1	3.1	6.9
	40	98.3	2.7	
	100	95.9	2.8	
8	0.4	93.7	6.1	4.9
	40	96.1	2.7	
	100	98.8	3.4	
9	40	104.7	3.8	3.5
	100	97.5	2.7	
	200	95.2	6.4	
10	0.4	92.2	6.0	6.0
	40	102.3	3.3	
	100	94.8	2.5	
11	0.4	90.3	2.9	5.9
	40	97.2	4.1	
	100	95.5	1.7	
12	0.4	85.7	4.9	8.4
	40	95.6	5.8	
	100	97.1	4.3	
13	4	92.0	4.0	6.7
	40	97.7	5.1	
	100	102.6	4.7	
14	0.4	94.7	5.2	5.1
	40	95.0	3.6	
	100	97.8	2.7	
15	4	92.1	4.8	4.9
	40	94.6	2.7	
	100	96.3	4.5	
16	4	85.7	6.1	5.2
	40	99.2	2.4	
	100	100.4	2.1	

续表

序号	回收率(日内重复性,RSD,$n=6$)			日间重复性 (RSD,$n=4$)/% (添加水平为 100mg/kg)
	添加水平/(mg/kg)	平均回收率/%	RSD/%	
17	40	97.2	1.8	7.3
	100	94.2	4.5	
	200	91.6	2.7	
18	0.4	96.1	2.9	7.0
	40	102.0	2.1	
	100	100.5	2.5	
19	0.4	90.9	4.3	6.4
	40	101.1	2.8	
	100	98.0	3.7	
20	0.4	95.2	4.6	3.5
	40	105.0	3.1	
	100	96.6	2.4	
21	40	100.9	2.7	4.9
	100	99.8	1.2	
	200	92.7	6.6	
22	0.4	98.5	5.3	7.7
	40	96.8	2.5	
	100	101.5	3.0	
23	4	93.2	4.8	3.2
	40	103.4	2.3	
	100	97.4	1.9	
24	0.4	93.8	2.3	3.7
	40	99.4	2.8	
	100	97.3	1.5	
25	4	96.4	4.0	6.5
	40	97.3	2.9	
	100	106.8	4.4	
26	0.4	94.1	2.4	4.2
	40	101.3	2.7	
	100	97.4	3.8	
27	0.4	92.0	3.6	8.7
	40	98.0	2.3	
	100	93.1	2.0	
28	4	90.4	3.7	8.0
	40	105.5	4.2	
	100	96.1	2.8	

续表

序号	回收率(日内重复性,RSD,$n=6$)			日间重复性 (RSD,$n=4$)/% (添加水平为100mg/kg)
	添加水平/(mg/kg)	平均回收率/%	RSD/%	
29	4 40 100	86.5 100.6 106.5	7.5 3.6 7.3	7.7
30	0.4 40 100	88.6 100.0 99.9	3.7 1.8 3.2	5.6
31	0.4 40 100	94.6 99.1 98.7	4.6 2.2 2.4	5.8
32	4 40 100	93.3 103.1 99.6	4.6 4.7 1.5	7.0
33 34	0.4 40 100	93.5 94.1 93.7	4.0 1.8 3.1	4.2
35	0.4 40 100	91.9 93.5 104.3	4.3 2.5 2.5	6.9
36	0.4 40 100	90.0 102.2 98.6	5.5 3.2 1.7	4.2
37	4 40 100	93.4 101.0 99.1	5.9 3.7 1.9	4.6
38	40 100 200	96.2 94.6 93.7	3.2 2.7 4.3	7.8
39	40 100 200	96.1 98.7 93.2	2.1 3.3 6.1	6.0
40	40 100 200	94.2 100.3 94.7	5.4 5.7 2.6	5.5
41	4 40 100	91.0 99.1 95.7	3.6 4.5 2.6	4.5

续表

序号	回收率（日内重复性，RSD，$n=6$）			日间重复性 （RSD，$n=4$）/% （添加水平为 100mg/kg）
	添加水平/(mg/kg)	平均回收率/%	RSD/%	
42	0.4	91.1	1.4	8.7
	40	99.8	3.4	
	100	98.6	1.8	
43	4	90.2	4.4	7.2
	40	98.9	3.0	
	100	98.2	3.3	
44	0.4	96.1	3.0	4.6
	40	105.4	3.9	
	100	101.7	2.1	
45	4	88.4	6.7	7.4
	40	95.2	3.8	
	100	104.0	2.7	
46	4	94.5	6.9	8.5
	40	96.3	2.7	
	100	100.2	5.0	
47	4	91.6	4.6	6.3
	40	100.4	3.3	
	100	98.3	2.1	
48	4	96.8	4.5	5.2
	40	97.9	4.3	
	100	96.4	3.6	

表 2-5　塑料样品中 44 种物质的回收率、重复性数据（经旋蒸浓缩）

序号	回收率（日内重复性，RSD，$n=6$）			日间重复性 （RSD，$n=4$）/% （添加水平为 100mg/kg）
	添加水平/(mg/kg)	平均回收率/%	RSD/%	
3	1.0	90.0	2.3	6.1
	50	81.2	1.6	
	100	94.7	2.6	
4	1.0	88.2	1.8	4.8
	50	88.3	3.1	
	100	88.5	3.6	
5	1.0	93.0	4.8	9.8
	50	83.1	9.8	
	100	96.3	5.0	
6	0.1	98.0	5.5	5.6
	50	95.0	4.3	
	100	96.2	3.7	

续表

序号	回收率(日内重复性,RSD,$n=6$)			日间重复性 (RSD,$n=4$)/% (添加水平为100mg/kg)
	添加水平/(mg/kg)	平均回收率/%	RSD/%	
8	0.1 50 100	92.7 91.7 92.0	5.8 4.3 4.9	7.0
10	0.1 50 100	94.2 92.8 93.5	6.5 4.1 2.6	6.0
11	0.1 50 100	89.9 93.3 91.1	5.0 3.6 2.5	4.5
12	0.1 50 100	89.4 92.0 97.1	8.2 3.8 3.4	6.9
13	1.0 50 100	94.9 90.9 93.7	5.7 6.6 5.2	10.5
14	0.1 50 100	93.0 95.4 90.0	6.4 3.8 3.0	6.0
15	1.0 50 100	87.5 95.0 94.7	5.1 3.8 3.4	7.5
16	1.0 50 100	99.4 90.8 90.2	3.6 6.1 3.6	5.5
17	10 50 100	85.3 98.5 89.4	2.8 2.0 5.5	6.8
18	1.0 50 100	89.5 91.0 95.8	3.3 3.7 4.0	6.5
19	1.0 50 100	96.3 97.2 92.8	1.7 5.4 3.6	5.8
20	1.0 50 100	93.7 91.5 96.3	4.8 5.0 4.0	5.6
21	10 50 100	96.3 96.2 94.3	4.9 1.8 3.6	4.3

序号	回收率(日内重复性,RSD,$n=6$)			日间重复性 (RSD,$n=4$)/% (添加水平为 100mg/kg)
	添加水平/(mg/kg)	平均回收率/%	RSD/%	
22	0.1 50 100	90.9 95.0 98.1	4.2 2.2 4.7	5.0
23	1.0 50 100	93.2 95.5 91.9	4.0 4.5 2.7	7.6
24	0.1 50 100	98.6 93.0 97.1	3.1 3.0 2.1	5.3
25	1.0 50 100	94.4 90.7 92.5	4.6 5.2 3.9	7.1
26	0.1 50 100	92.0 99.0 94.1	4.8 3.6 5.1	7.9
27	0.1 50 100	90.2 95.0 97.3	5.6 2.4 4.9	7.1
28	1.0 50 100	88.7 94.3 97.1	4.7 5.0 2.6	6.1
29	1.0 50 100	90.0 109.1 94.3	2.4 6.2 2.7	5.7
30	0.1 50 100	88.7 93.2 97.2	1.8 3.7 3.9	12.9
31	0.1 50 100	93.1 93.5 101.5	3.0 4.2 4.6	8.1
32	1.0 50 100	99.5 96.9 97.7	3.5 1.8 4.8	7.9
33 34	1.0 50 100	90.8 88.0 95.5	4.5 4.2 3.4	6.3
35	0.1 50 100	94.5 92.9 101.5	6.4 6.2 4.6	9.9

续表

序号	回收率(日内重复性,RSD,$n=6$)			日间重复性(RSD,$n=4$)/%(添加水平为100mg/kg)
	添加水平/(mg/kg)	平均回收率/%	RSD/%	
36	0.1	81.3	7.0	11.6
	50	89.7	4.9	
	100	96.2	5.9	
37	1.0	101.8	3.6	9.6
	50	92.9	3.8	
	100	97.2	6.4	
38	10	89.5	2.2	7.8
	50	83.3	6.8	
	100	84.3	4.0	
39	10	97.9	5.8	5.4
	50	98.6	4.3	
	100	97.0	4.3	
40	10	93.5	4.5	8.8
	50	102.2	3.7	
	100	96.3	5.1	
41	1.0	91.4	7.2	6.6
	50	96.8	5.0	
	100	95.1	3.9	
42	1.0	95.3	6.9	11.9
	50	90.3	5.7	
	100	95.2	5.4	
43	1.0	96.1	2.2	13.4
	50	92.6	6.3	
	100	97.5	5.8	
44	1.0	93.5	5.0	7.2
	50	85.2	4.2	
	100	92.3	5.4	
45	1.0	98.4	4.2	6.9
	50	90.7	5.0	
	100	95.6	4.3	
46	1.0	103.3	6.0	5.8
	50	87.8	4.1	
	100	92.9	3.7	
47	1.0	90.2	3.1	8.4
	50	85.5	3.5	
	100	87.6	5.1	
48	1.0	95.6	7.4	6.8
	50	91.1	2.5	
	100	86.4	4.9	

表 2-6　塑料样品中 4 种物质的回收率、重复性数据（未经旋蒸浓缩）

序号	回收率（日内重复性，RSD，$n=6$）			日间重复性（RSD，$n=4$）/%（添加水平为 100mg/kg）
	添加水平/(mg/kg)	平均回收率/%	RSD/%	
1	10	91.1	2.8	5.1
	100	93.9	2.6	
	200	90.9	1.7	
2	5	97.2	1.6	4.3
	100	95.6	0.7	
	200	95.5	1.6	
7	5	93.6	4.0	6.5
	100	88.4	2.7	
	200	91.7	3.1	
9	20	92.7	3.2	8.4
	100	84.4	4.8	
	200	86.0	6.1	

2.1.8　实际样品的检测

应用本方法，对从市场上随机采集到的共 52 种玩具样品（13 种布绒样品、13 种纸质样品、13 种塑料样品和 13 种彩泥样品）进行测定。检出这些分析物的样品列于表 2-7 中。10 种禁用的致敏性芳香剂被检出（反-2-庚烯醛、苯甲醇、4-甲氧基苯酚、肉桂醛、羟基香茅醛、对叔丁基苯酚、肉桂醇、苯亚甲基丙酮、香豆素、甲位戊基桂醛），由于它们的含量低于 100mg/kg，这些玩具仍然符合玩具安全新指令 2009/48/EC 中的规定。然而，苯甲酸苄酯在 S8 中检出 245mg/kg，在 S11 中检出 433.5mg/kg；d-柠檬烯在 S15 中检出 183.2mg/kg，含量均超过了 100mg/kg，因此需要在包装上适当声明。

可以看到，有 3 种致敏性芳香剂至少在 7 种样品中被检出，它们是苯甲醇、香豆素和苯甲酸苄酯，我们推测它们较常被用于香味玩具中。另外，肉桂醇和苯亚甲基丙酮在纸质玩具中更易被检出，而反-2-庚烯醛和 d-柠檬烯更易出现在彩泥玩具中。图 2-9～图 2-11 给出了玩具样品 S2、S11 和 S15 的总离子流色谱图及检出物质的 MS/MS 色谱图。

表2-7　至少检出1种致敏性芳香剂的实际玩具样品（字母"S"代表"样品"）

编号	化合物	布纳玩具/(mg/kg)			纸质玩具/(mg/kg)				塑胶玩具/(mg/kg)					彩泥玩具/(mg/kg)				
		S1	S2	S3	S4	S5	S6	S7	S8	S9	S10	S11	S12	S13	S14	S15	S16	S17
4	反-2-庚烯醛													2.6	1.9	1.9		0.4
6	苯甲醇	1.3	50.8				15.3		0.8		0.7	44.2		1.2	1.3			0.8
7	d-柠檬烯													21.9		183.2	18.2	
10	芳樟醇													4.4				
14	4-甲氧基苯酚					14.5				8.9	5.6							
18	肉桂醛			1.6				1.9										
20	茴香醇	9.4									3.0							
21	羟基香茅醛				11.5								7.8					
22	对叔丁基苯酚			1.3				15.0		0.3								
23	肉桂醇				93.0	8.7	18.0		16.8									
24	苯亚甲基丙酮					19.7			18.8	1.7								
27	香豆素		5.2	1.1	6.7			6.8				4.2						0.6
30	α-异甲基紫罗兰酮														12.9		5.1	4.7
37	甲位戊基桂醛														32.1			13.9
40	金合欢醇										46.0		54.2			40.0		
44	苯甲酸苄酯	8.2	49.2	5.0					245.0			433.5				7.4		

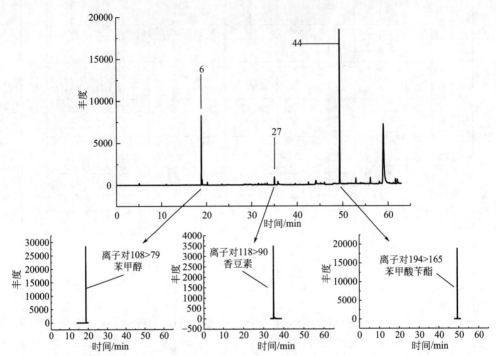

图 2-9　实际玩具样品的总离子流色谱图及检出物质的 MS/MS 色谱图（2 号样品）

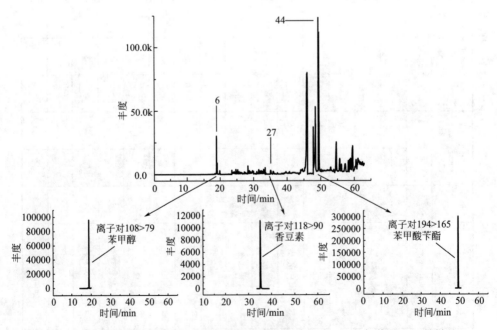

图 2-10　实际玩具样品的总离子流色谱图及检出物质的 MS/MS 色谱图（11 号样品）

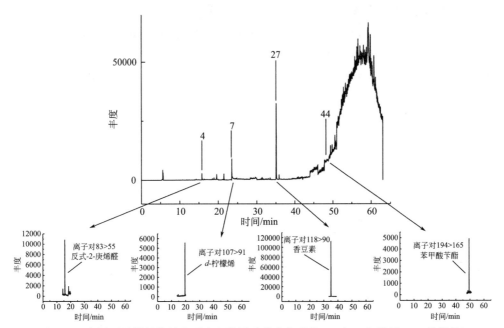

图 2-11　实际玩具样品的总离子流色谱图及检出物质的 MS/MS 色谱图（15 号样品）

2.2　致敏性芳香剂快速筛查

2.2.1　方法提要

本方法适用于布绒材质的儿童用品中丙烯酸乙酯、巴豆酸甲酯、5-甲基-2,3-己二酮、反-2-庚烯醛、d-柠檬烯、苯甲醇、柠康酸二甲酯、芳樟醇、苯乙腈、马来酸二乙酯、2-辛炔酸甲酯、4-甲氧基苯酚、香茅醇、柠檬醛、香叶醇、肉桂醛、4-乙氧基苯酚、对叔丁基苯酚、肉桂醇、丁香酚、苯亚甲基丙酮、二氢香豆素、香豆素、异丁香酚、α-异甲基紫罗兰酮、铃兰醛、6-甲基香豆精、7-甲基香豆精、假紫罗兰酮、二苯胺、甲位戊基桂醛、4-（对甲氧基苯基)-3-丁烯-2-酮、新铃兰醛、金合欢醇、己基肉桂醛、1-（对甲氧基苯基)-1-戊烯-3-酮、苯甲酸苄酯和葵子麝香共 38 种致敏性芳香剂的快速筛查测定。

方法的基本原理：首先采用含有已知含量致敏性芳香剂的阳性样品进行分析，建立了挥发量与总量之间的相关性方程，实现通过挥发量对总量的合理预测。在进行实际样品分析时，将一定量样品置于空的玻璃解析管中，直接热解析后进入气相色谱质谱联用仪中分离测定其在一定条件下的挥发量，然后再根据已获得的挥发量与总量之间的相关性方程计算得到样品中致敏性芳香剂的总量。本方法对于上述 38 种致敏性芳香剂的定量限在 0.05～0.5mg/kg。该方法最大的特点在于大大简化了样品前处理过程，同时减少了实验过程中有机试剂的用量，是一种绿色环保快速筛查的分析方法。

2.2.2 待测物质基本信息

见表 2-8。

表 2-8 待测物质基本信息

编号	中文名称	CAS 号	分子式	相对分子质量
1	丙烯酸乙酯	140-88-5	$C_5H_8O_2$	100.12
2	巴豆酸甲酯	623-43-8	$C_5H_8O_2$	100.12
3	5-甲基-2,3-己二酮	13706-86-0	$C_7H_{12}O_2$	128.17
4	反-2-庚烯醛	18829-55-5	$C_7H_{12}O$	112.17
5	d-柠檬烯	5989-27-5	$C_{10}H_{16}$	136.23
6	苯甲醇	100-51-6	C_7H_8O	108.14
7	柠康酸二甲酯	617-54-9	$C_7H_{10}O_4$	158.15
8	芳樟醇	78-70-6	$C_{10}H_{18}O$	154.25
9	苯乙腈	140-29-4	C_8H_7N	117.15
10	马来酸二乙酯	141-05-9	$C_8H_{12}O_4$	172.18
11	2-辛炔酸甲酯	111-12-6	$C_9H_{14}O_2$	154.21
12	4-甲氧基苯酚	150-76-5	$C_7H_8O_2$	124.14
13	香茅醇	106-22-9	$C_{10}H_{20}O$	156.27
14	柠檬醛	5392-40-5	$C_{10}H_{16}O$	152.23
15	香叶醇	106-24-1	$C_{10}H_{18}O$	154.25
16	肉桂醛	104-55-2	C_9H_8O	132.16
17	4-乙氧基苯酚	622-62-8	$C_8H_{10}O_2$	138.16
18	对叔丁基苯酚	98-54-4	$C_{10}H_{14}O$	150.22
19	肉桂醇	104-54-1	$C_9H_{10}O$	134.18
20	丁香酚	97-53-0	$C_{10}H_{12}O_2$	164.2
21	苯亚甲基丙酮	122-57-6	$C_{10}H_{10}O$	146.19
22	二氢香豆素	119-84-6	$C_9H_8O_2$	148.16
23	香豆素	91-64-5	$C_9H_6O_2$	146.14
24	异丁香酚	97-54-1	$C_{10}H_{12}O_2$	164.2
25	α-异甲基紫罗兰酮	127-51-5	$C_{14}H_{22}O$	206.32
26	铃兰醛	80-54-6	$C_{14}H_{20}O$	204.31

续表

编号	中文名称	CAS 号	分子式	相对分子质量
27	6-甲基香豆精	92-48-8	$C_{10}H_8O_2$	160.17
28	7-甲基香豆精	2445-83-2	$C_{10}H_8O_2$	160.17
29	假紫罗兰酮	141-10-6	$C_{13}H_{20}O$	192.3
30	二苯胺	122-39-4	$C_{12}H_{11}N$	169.22
31	甲位戊基桂醛	122-40-7	$C_{14}H_{18}O$	202.29
32	4-(对甲氧基苯基)-3-丁烯-2-酮	943-88-4	$C_{11}H_{12}O_2$	176.21
33	新铃兰醛	31906-04-4	$C_{13}H_{22}O_2$	210.31
34	金合欢醇	4602-84-0	$C_{15}H_{26}O$	222.37
35	己基肉桂醛	101-86-0	$C_{15}H_{20}O$	216.32
36	1-(对甲氧基苯基)-1-戊烯-3-酮	104-27-8	$C_{12}H_{14}O_2$	190.24
37	苯甲酸苄酯	120-51-4	$C_{14}H_{12}O_2$	212.24
38	葵子麝香	83-66-9	$C_{12}H_{16}N_2O_5$	268.27

2.2.3　仪器与试剂

Agilent 6890/5975 气相色谱-质谱联用仪（美国 Agilent 公司）；UNITY 全自动热脱附仪、TD-100 自动进样装置、TD-20 型 Tenax-TA 吸附管自动净化仪、液体标准配气装置、Tenax 不锈钢吸附管［内含 200mg Tenax-TA 吸附剂，在使用前需在 N_2 气流下高温（325℃）老化至无杂峰］、空玻璃吸附管（英国 Markes 公司）；P300H 型超声波提取仪（德国 Elma 公司）；聚四氟乙烯滤膜（PTFE，$0.45\mu m$ 微孔，天津津腾公司）。甲醇、丙酮（色谱纯，美国 Baker 公司）；氦气（纯度＞99.999％）。

Varian 450-240 型气相色谱-离子阱质谱联用仪（美国 Agilent 公司），配 Varian cp-8400 自动进样器，Saturn MS workstation version 6.9.2 操作软件，用于实际玩具中致敏性芳香剂的总量检测。

本研究涉及的 38 种芳香剂标准品纯度均大于 85％（由于数据分析的需要，某些标准物质为异构体的混合物，本研究将其视为一种分析物，如柠檬醛、金合欢醇等）。

以丙酮为溶剂，分别配制了 38 种芳香剂的单标和混标储备液（浓度 1000mg/L），置于冰箱中于 4℃下避光保存，可保存 6 个月。另外，根据需要分别用丙酮将上述储备液稀释到所需浓度的标准工作溶液。

2.2.4　分析步骤

（1）方法基本思路　本方法是针对玩具中致敏性芳香剂在一定条件下的挥发量进行的测定，而相关法规是针对致敏性芳香剂在玩具中的总量进行的要求，因此需要得到本方法测得的样品中致敏性芳香剂的挥发量与其总量之间的关系，从而由挥发量推测总量。所以提出了校正系数的概念：

$$E_{exp} = 校正系数 \times E_{vol}$$

式中，E_{exp}为待检物的总量的预测值（expected residual quantity）；E_{vol}为实验测得的挥发量（volatilization）。

通过设置安全区间，确定合适的校正系数，使其既能在一定程度上准确反映出样品中待测物的实际量，又不出现假阴性样品。

由于目前尚无相应的实物标样（有证参考样品），因此我们自制了含有不同添加水平待测致敏性香精香料的阳性样品，然后分别测定其中致敏性香精香料的实际总量和挥发量，并通过设置一定的安全边界来得到校正系数。

（2）阳性样品的制作　将空白玩具样品剪碎至 5mm×5mm 以下，置于小烧杯中，加入一定浓度的混合标准溶液，使其全部浸没空白玩具样品，混匀，置于通风橱中，待溶剂丙酮完全挥发，即得到布绒玩具阳性样品，根据实验情况，添加不同量的混合标准溶液，可以得到不同添加水平的玩具阳性样品。该阳性样品现做现用，不可长时间放置，否则误差会加大。

（3）挥发量测定样品前处理　将玩具样品用剪刀剪碎至 5mm×5mm 以下，混匀。准确称取 100mg 样品（精确至 1mg），直接装入空的玻璃解吸管中，并在玻璃管的两端各塞入适量玻璃棉，以不锈钢螺帽密封，置于 TD-100 自动进样装置中，在设定的 TD-GC-MS 条件下脱附分析。

（4）致敏性芳香剂总量的测定方法　总量的测定参照本章 2.1 节的内容进行，该方法是利用气相色谱-离子阱质谱联用技术测定布绒玩具中多种致敏性芳香剂。方法准确、灵敏，可用于玩具中致敏性芳香剂含量的检测。

（5）挥发量测定标准曲线的绘制　取老化好的 Tenax-TA 吸附管，将混合标准溶液通过仪器自带的标样配制器配成相应的标准曲线系列，然后进样测定。以扣除空白后的峰面积为纵坐标，以待测物质量（μg）为横坐标，绘制标准曲线。

（6）挥发量测定实验条件　Tenax-TA 吸附管的老化条件：吸附管在使用之前需进行老化，做法如下：将 Tenax-TA 吸附管按一定的方向插入 TC-20 型 Tenax-TA 吸附管自动净化仪，通入氮气，流速 80mL/min，温度 325℃，保持 45min，待冷却至室温，取下 Tenax-TA 吸附管，立即在两端套上防护帽，妥善保存备用，关闭氮气流和仪器。

Tenax-TA 吸附管热解吸条件（使用前需老化）：吸附管解吸温度 280℃，时间 15min，干燥吹扫（Dry purge）时间 0.3min，预吹扫（Prepurge）时间 0.3min；冷阱吸附温度 0℃；冷阱脱附温度 320℃，时间 2min，分流比50∶1；传输管温度 160℃。

玻璃管直接进样解吸条件：吸附管解吸温度 280℃，时间 20min，干燥吹扫时间 0.0min，预吹扫时间 0.0min；冷阱吸附温度 0℃；冷阱脱附温度 320℃、时间 2min，分流比 50∶1；传输管温度 160℃。

色谱柱：DB-5 柱（60m×0.25mm×0.25μm）。

分流模式：不分流。

柱温升温程序：初始温度为 60℃，保持 1min 后以 3℃/min 的速率升至 120℃，保持 3min，然后以 1℃/min 的速率升至 130℃，保持 3min，然后以 4℃/min 的速率升至 200℃，然后以 10℃/min 的速率升至 250℃，保持 2min。

载气：高纯氦气，流量为 1.0mL/min。

质谱离子源：电子轰击电离（EI）方式，电离能量 70eV。

质量扫描范围：m/z 35～550。

离子源温度：230℃；四极杆温度：150℃；接口温度：280℃。

溶剂延迟时间：5min。

监测方式：选择离子扫描（SIM）。

上述条件下各物质的保留时间如表 2-9 所列。

表 2-9　各物质的保留时间

编号	化合物	保留时间/min	定性离子(m/z)
1	丙烯酸乙酯	5.917	55,73,99[①]
2	巴豆酸甲酯	7.049	69,85,100[①]
3	5-甲基-2,3-己二酮	8.786	43,57,85[①]
4	反-2-庚烯醛	13.158	55,70,83[①]
5	d-柠檬烯	16.422	68[①],93,136
6	苯甲醇	16.799	77,79[①],108
7	柠康酸二甲酯	18.989	59,99,127[①]
8	芳樟醇	19.546	55,71[①],93
9	苯乙腈	21.513	90,116,117[①]

编号	化合物	保留时间/min	定性离子(m/z)
10	马来酸二乙酯	22.736	$99^{①}$,126,127
11	2-辛炔酸甲酯	24.644	79,$95^{①}$,123
12	4-甲氧基苯酚	25.695	81,109,$124^{①}$
13	香茅醇	26.270	41,$69^{①}$,82
14	柠檬醛异构体1 柠檬醛异构体2	27.132 29.083	41,$69^{①}$,109
15	香叶醇	27.833	$69^{①}$,93,123
16	肉桂醛	29.710	77,103,$131^{①}$
17	4-乙氧基苯酚	30.314	81,$110^{①}$,138
18	对叔丁基苯酚	30.724	107,$135^{①}$,150
19	肉桂醇	32.057	$92^{①}$,115,134
20	丁香酚	35.580	131,149,$164^{①}$
21	苯亚甲基丙酮	36.203	103,$131^{①}$,145
22	二氢香豆素	38.513	91,120,$148^{①}$
23	香豆素	42.291	89,$118^{①}$,146
24	异丁香酚	42.853	103,149,$164^{①}$
25	$α$-异甲基紫罗兰酮	44.338	107,$135^{①}$,150
26	铃兰醛	47.188	147,$189^{①}$,204
27	6-甲基香豆精	48.781	131,132,$160^{①}$
28	7-甲基香豆精	48.781	131,132,$160^{①}$
29	假紫罗兰酮	49.599	$69^{①}$,81,109
30	二苯胺	51.293	167,168,$169^{①}$
31	甲位戊基桂醛	52.135	115,$129^{①}$,202
32	4-(对甲氧基苯基)-3-丁烯-2-酮	52.320	133,$161^{①}$,176
33	新铃兰醛	52.906	79,93,$136^{①}$
34	金合欢醇异构体1 金合欢醇异构体2	53.724 54.544	$69^{①}$,81,93
35	己基肉桂醛	55.532	117,$129^{①}$,216
36	1-(对甲氧基苯基)-1-戊烯-3-酮	55.724	133,$161^{①}$,190
37	苯甲酸苄酯	56.230	91,$105^{①}$,212
38	葵子麝香	57.438	91,$253^{①}$,268

① 表示定量离子。

2.2.5　条件优化和方法学验证

2.2.5.1　传输管温度的选择

　　理论上讲，传输管的温度越高越好，但仪器对该温度的上限要求为180℃，超过该温度仪器会报错，所以我们分别考察了140℃、150℃、160℃、170℃传输管温度对致敏香精香料响应值的影响，如表2-10所列。

表 2-10　不同传输管温度下各物质的响应结果

编号	化合物	140℃	150℃	160℃	170℃
1	丙烯酸乙酯	401128	401558	404468	396982
2	巴豆酸甲酯	406554	405113	419318	405931
3	5-甲基-2,3-己二酮	173053	174362	186346	188468
4	反-2-庚烯醛	132084	134614	136517	133888
5	d-柠檬烯	294514	289675	291896	283614
6	苯甲醇	262448	342288	398373	393126
7	柠康酸二甲酯	560781	561038	574312	562043
8	芳樟醇	185557	188334	189818	182958
9	苯乙腈	603006	599814	604477	585344
10	马来酸二乙酯	640196	634928	635027	625113
11	2-辛炔酸甲酯	117656	117437	118199	116771
12	4-甲氧基苯酚	454278	453961	454066	451074
13	香茅醇	163676	164892	165664	164371
14	柠檬醛异构体1 柠檬醛异构体2	62349 200214	65396 210355	69465 200776	68521 196603
15	香叶醇	266881	274983	274544	275633
16	肉桂醛	421315	435961	430684	419116
17	4-乙氧基苯酚	720832	732166	734255	727730
18	对叔丁基苯酚	921452	930054	937633	892623
19	肉桂醇	160380	161993	164299	162547
20	丁香酚	407419	396631	397699	385277
21	苯亚甲基丙酮	457114	459100	476001	458155
22	二氢香豆素	412527	413118	415074	401366
23	香豆素	480753	480692	488256	485375
24	异丁香酚	435525	457610	457648	443076
25	α-异甲基紫罗兰酮	451750	432109	470595	446214
26	铃兰醛	743953	759947	778933	745870

续表

编号	化合物	140℃	150℃	160℃	170℃
27	6-甲基香豆精	1180877	1190421	1235424	1227553
28	7-甲基香豆精	1180877	1190421	1235424	1227553
29	假紫罗兰酮	298443	281233	272449	262189
30	二苯胺	1408304	1406814	1403274	1359270
31	甲位戊基桂醛	300879	299855	298907	289613
32	4-(对甲氧基苯基)-3-丁烯-2-酮	746575	781129	850561	847067
33	新铃兰醛	116323	121887	125453	120000
34	金合欢醇异构体1 金合欢醇异构体2	113773 113230	118063 128366	119974 128649	119037 128655
35	己基肉桂醛	333859	349654	355547	341949
36	1-(对甲氧基苯基)-1-戊烯-3-酮	1292344	1354960	1488757	1494816
37	苯甲酸苄酯	1004706	1012378	1016843	1002317
38	葵子麝香	404452	417986	416263	416429

从表2-10中可以看出，不同传输管温度下，各物质的响应值变化不大，个别沸点较高的物质受温度的影响较大，综合考虑多数物质的响应值，我们选择160℃作为最佳的传输管温度。

2.2.5.2 吸附管脱附温度和时间的选择

如表2-11所列，理论上讲对于布绒类玩具，吸附管脱附的温度越高脱附效率越好，但本身吸附剂填料对温度的上限有要求，过高的温度会造成吸附剂吸附效果下降，在试验的基础上我们选择一级脱附的温度为280℃。在我们设置的区间内，随着时间的延长，热脱附效果的变化相差不大，理论上讲热脱附的时间也是越长越好，时间太短脱附可能不完全，但时间太长测试效率又会相对降低，且随着时间的变化，热解吸效率的变化也会越来越小，甚至造成穿透，在保证结果稳定的基础上，我们选择一级脱附时间为15min。

表 2-11 不同吸附管脱附温度和时间对物质的响应结果

编号	温度/℃					时间/min			
	240	260	280	300	320	10	15	20	25
1	376078	359883	394149	348805	430661	396013	394149	408266	391046
2	442737	449432	445384	445426	458575	423618	445384	433788	393187
3	203950	200319	202487	198379	202065	197658	202487	195958	185824
4	150342	150798	150407	148636	145294	132325	150407	144371	145016
5	306190	319105	308462	317296	310395	289992	308462	308735	293370
6	450270	464971	458085	457750	451843	401423	458085	447475	441804

续表

编号	温度/℃					时间/min			
	240	260	280	300	320	10	15	20	25
7	654049	666617	663884	659956	648607	585298	663884	648685	645075
8	229362	221097	214919	215183	207101	195302	214919	213448	207657
9	815485	812810	802307	790977	779430	718519	802307	769108	762210
10	819293	816741	801924	793441	783655	705478	801924	774491	770703
11	143495	143111	144956	143755	140426	126108	144956	142176	140822
12	563846	577961	580865	577480	574465	526663	580865	532709	524769
13	209209	208012	203915	202104	200764	175540	203915	193876	194936
14	84055	85715	85709	84849	83160	73603	85709	81200	81039
	255868	255235	252235	248353	244911	222494	252235	238928	234590
15	361418	373601	370471	366127	362634	310370	370471	342071	350439
16	562970	564149	558104	559450	553106	513301	558104	523227	515747
17	943891	964945	965878	963155	955640	893558	965878	890025	868624
18	1215316	1217338	1219073	1204862	1198192	1163438	1219073	1152105	1114858
19	230747	238427	240349	240514	237470	214309	240349	217519	218387
20	524555	523950	517944	515720	511064	476802	517944	488997	480016
21	626518	624936	622980	615877	612352	580200	622980	582184	570397
22	521891	520670	520105	515966	511279	488445	520105	486249	477396
23	618274	620263	625472	622431	618937	585745	625472	576263	568013
24	450201	450309	450300	448099	440691	405088	450300	403858	397436
25	597120	591202	592606	578481	581602	561736	592606	560267	548408
26	972185	998478	981639	992834	974511	955138	981639	933199	914509
27	1540884	1532796	1540411	1536870	1519140	1450858	1540411	1428613	1409008
28	1540884	1532796	1540411	1536870	1519140	1450858	1540411	1428613	1409008
29	362761	365148	363281	365935	361073	329008	363281	332498	329962
30	1688248	1664207	1689005	1700068	1695624	1657749	1689005	1582243	1529067
31	375295	373431	377764	372448	379559	361684	377764	352694	348992
32	1034623	1041527	1039533	1047714	1040468	970006	1039533	953760	951668
33	203104	205048	208199	206298	200082	186942	208199	185716	183184
34	174488	178191	177352	177695	177271	153967	177352	160140	162815
	187029	192985	193668	192515	194706	167778	193668	175769	176825
35	408940	409005	404467	395528	401818	382133	404467	381087	373508
36	1813326	1805766	1843339	1807424	1803631	1677160	1843339	1673240	1675593
37	1266275	1272781	1276335	1260468	1263720	1206702	1276335	1177851	1178320
38	576109	574806	575419	575302	571965	533100	575419	530121	536546

注：物质编号与表 2-8 中一致。

2.2.5.3　冷阱吸附温度和脱附温度、时间的选择

如表 2-12 和表 2-13 所列，我们考察了冷阱富集的最低吸附温度、冷阱脱附的最高温度和冷阱脱附的时间对物质响应结果的影响。

表 2-12 不同冷阱吸附温度、脱附温度下各物质的响应结果

编号	吸附温度/℃			脱附温度/℃			
	-5	0	5	260	280	300	320
1	239507	261826	251273	361565	304507	357697	378941
2	349776	378469	373198	394822	379256	341995	413542
3	171223	179754	171547	181953	172018	172765	198073
4	129706	142112	127147	133025	129502	139600	139528
5	257965	283243	266381	265122	268408	267710	292176
6	398125	434873	393998	421062	425768	435751	432502
7	568885	629011	562408	609070	602312	632331	611850
8	183754	205799	184879	193973	191721	198877	200401
9	689076	748904	671610	749383	752863	777298	734750
10	689527	757483	673440	750764	753220	784335	742955
11	125899	139271	124057	140571	134755	141759	135714
12	515792	540638	493028	547580	544783	569954	537509
13	183087	202449	177697	205795	206990	212886	199198
14	72671	81159	72439	83497	81221	84436	78716
14	217692	240384	211083	240779	243538	250269	235936
15	323154	362362	318276	386082	383453	391739	357559
16	491514	527930	466440	537203	533791	552959	516582
17	875225	898719	823829	925508	894570	939218	886001
18	1076717	1139371	1023565	1169649	1129771	1182044	1125064
19	224497	237453	214613	247054	246625	256490	238681
20	452372	489452	434742	504054	502840	521490	487328
21	551280	580737	524330	6043978	578226	605048	570520
22	462253	483004	441806	489499	478336	500611	476740
23	572153	581262	543319	583057	579047	594651	575424
24	388291	404435	359722	408716	406215	415985	391909
25	523730	561191	492987	572641	561534	581226	549573
26	894219	943956	850393	916006	833078	957873	916514
27	1427429	1433698	1344414	1417311	1416485	1447353	1397503
28	1427429	1433698	1344414	1417311	1416485	1447353	1397503
29	330342	344829	318473	335388	336931	351448	334508
30	1576904	1583160	1461234	1479779	1466644	1605981	1558503
31	345251	355294	327169	340748	346947	355940	344040
32	977825	980155	918983	954198	967123	996778	968087
33	180354	186160	175856	183239	160497	189460	184165
34	155645	163980	154702	179411	175811	175925	164991
34	181834	189398	181080	200930	202433	202501	191740
35	382531	374945	354072	364726	370549	374570	364334
36	1702864	1709478	1641178	1705228	1677794	1722435	1681592
37	1164952	1173918	1102707	1206251	1155632	1202798	1146190
38	539746	546774	518262	549419	543183	557079	534576

注：物质编号与表 2-8 中一致。

表 2-13 不同冷阱脱附时间下各物质的响应结果

编号	脱附时间/min				
	1	2	3	4	5
1	327806	357697	353459	379144	360463
2	417714	341995	381644	408781	389884
3	7366	172765	181090	204704	189121
4	142270	139600	124807	135072	125292
5	292530	267710	261094	277869	265021
6	440399	435751	391103	412553	379118
7	629091	632331	548366	597112	550900
8	205252	198877	180133	194482	188295
9	750088	777298	661773	709477	665242
10	757455	784335	661944	714233	658280
11	138812	141759	121610	131642	121462
12	541073	569954	486591	513518	447301
13	203901	212886	176339	190376	170211
14	81042	84436	69559	75796	67758
	239531	250269	207585	224483	202806
15	368516	391739	316245	341889	294636
16	524746	552959	466804	499827	459432
17	905384	939218	813614	860196	759531
18	1144220	1182044	1024262	1097812	1017798
19	243045	256490	214990	228099	194292
20	495439	521490	439742	470676	427125
21	578590	605048	524853	554329	512674
22	481723	500611	439019	463313	428012
23	571986	594651	538619	559340	507804
24	401525	415985	363550	377827	349762
25	562741	581226	498615	532768	502573
26	932864	957873	840218	902170	842785
27	1392107	1447353	1331138	1386934	1280759
28	1392107	1447353	1331138	1386934	1280759
29	342653	351448	311591	327087	302914
30	1556223	1605981	1376591	1560466	1456347
31	346164	355940	322736	336681	318118
32	950546	996778	925980	960521	887388
33	185664	189460	167417	180352	157623
34	166436	175925	147829	153335	135177
	192871	202501	173128	178681	157727
35	363714	374570	347540	359939	349380
36	1660021	1722435	1627689	1682364	1571187
37	1164918	1202798	1103811	1136999	1077246
38	536682	557079	507727	528060	485101

注：物质编号与表 2-8 中一致。

冷阱吸附温度是热解吸中比较重要的参数之一，过高的温度，吸附不完全，会造成穿透，过低的温度对仪器的要求较高，从表 2-12 中可以看出，冷阱吸附温度为 0℃时仪器的响应值相对较好。在我们设置的温度范围内，不同的冷阱脱附温度对结果的影响不大，考虑大多数物质，我们选择 300℃作为合适的冷阱脱附温度。冷阱脱附时间的变化对出峰保留时间有些影响，特别是低沸点的化合物，综合考虑我们选择冷阱脱附时间为 2min。

38 种致敏性香精香料的物质基本信息如表 2-8 所列，其对应的标准溶液的色谱图如图 2-12 所示，多数物质可达到很好的基线分离，其中柠檬醛和金合欢醇各有两个同分异构体，7-甲基香豆素和 6-甲基香豆素为同分异构体，分不开，在这里都将其视为一种物质处理。

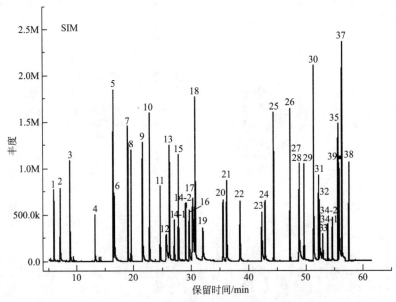

图 2-12　38 种致敏性香精香料混合标准溶液（0.5μg）的色谱图

（图中物质编号与表 2-8 中一致）

2.2.5.4　线性范围和定量限

在线性范围内 38 种致敏性芳香剂的质量浓度与峰面积有良好的线性关系。以样品量取 100mg 计算定量限，仪器响应信号大于 10 倍噪声时对应的浓度作为仪器定量限，结果见表 2-14。

表 2-14　芳香剂的定量限和线性范围

编号	仪器定量限/（mg/kg）	线性范围/μg	线性方程	相关系数
1	0.1	0.01~10	$Y = 107087X + 5150$	0.9999

续表

编号	仪器定量限/(mg/kg)	线性范围/μg	线性方程	相关系数
2	0.5	0.05～10	$Y=255532X+10741$	0.9999
3	0.1	0.01～10	$Y=434763X+32669$	0.9995
4	0.5	0.05～10	$Y=708414X+20783$	0.9997
5	0.1	0.01～10	$Y=305224X+63330$	0.9988
6	0.5	0.05～10	$Y=2124940X-233764$	0.9990
7	0.05	0.005～10	$Y=2705210X+139239$	0.9988
8	0.05	0.005～10	$Y=830822X+201101$	0.9980
9	0.5	0.05～10	$Y=3917200X-27895$	0.9998
10	0.1	0.05～10	$Y=3691220X+277219$	0.9994
11	0.5	0.05～10	$Y=801080X+74849$	0.9996
12	0.5	0.05～10	$Y=2343640X-287604$	0.9997
13	0.1	0.01～10	$Y=1075250X+193461$	0.9986
14	0.1	0.01～10	$Y=1660070X+353351$	0.9976
15	0.1	0.01～10	$Y=2340630X+191922$	0.9995
16	0.5	0.05～10	$Y=2143050X+279224$	0.9990
17	0.5	0.05～10	$Y=3574090X+97678$	0.9992
18	0.05	0.005～10	$Y=4443620X+518524$	0.9992
19	0.5	0.05～10	$Y=1258750X-23117$	0.9997
20	0.1	0.01～10	$Y=2180740X+178415$	0.9997
21	0.5	0.05～10	$Y=2533800X+92705$	0.9998
22	0.1	0.01～10	$Y=1879160X+107791$	0.9991
23	0.5	0.05～10	$Y=2300820X-107989$	0.1000
24	0.5	0.01～10	$Y=2100970X+75120$	0.9996
25	0.05	0.005～10	$Y=2074410X+418313$	0.9970
26	0.05	0.005～10	$Y=3396320X+257362$	0.9980
27	0.5	0.05～10	$Y=3171230X+351456$	0.9991
28				
29	0.5	0.05～10	$Y=1620550X+183581$	0.9984
30	0.1	0.01～10	$Y=4717300X+369532$	0.9986
31	0.05	0.005～10	$Y=1240280X+117731$	0.9982
32	0.5	0.05～10	$Y=3064260X-300983$	0.9998
33	0.1	0.01～10	$Y=402639X+14725$	0.9992
34	0.5	0.05～10	$Y=2137690X+5021$	0.9992
35	0.05	0.05～10	$Y=1250480X+104008$	0.9984

编号	仪器定量限/(mg/kg)	线性范围/μg	线性方程	相关系数
36	0.5	0.05~10	$Y=506860X-219150$	0.9997
37	0.5	0.05~10	$Y=3420550X+292990$	0.9983
38	0.05	0.005~10	$Y=1478170X+54477$	0.9995

注：编号对应的化合物同表2-8。

2.2.5.5　校正系数的获得

由于阳性样品的制备过程中不可避免会有一定损失，因此不能直接采用设定的添加水平作为其总量，而需要通过实验确定。所以将制得的阳性样品均匀称取两份，一份用于直接热解吸测试致敏性芳香剂的挥发量；一份采用本章2.1节已建立的致敏芳香剂总量的确证方法测定阳性样品的总量。

表 2-15　不同添加水平下测得的挥发量与总量的数据比较（$n=6$）

编号	添加水平					
	5mg/kg			20mg/kg		
	挥发量 E_{vol} (RSD/%) /(mg/kg)	总量 E_{total} (RSD/%) /(mg/kg)	回收率 R/%	挥发量 E_{vol} (RSD/%) /(mg/kg)	总量 E_{total} (RSD/%) /(mg/kg)	回收率 R/%
1	1.87(8.55)	4.44(10.09)	24.77	2.17(9.44)	19.33(5.06)	11.23①
2	1.40(10.74)	4.37(10.19)	32.04	7.07(6.22)	17.84(7.89)	39.63
3	2.70(11.99)	5.20(3.27)	51.92①	12.48(4.51)	21.69(1.77)	57.54
4	2.71(10.12)	4.75(5.99)	57.05	8.50(7.38)	19.80(3.92)	42.93
5	3.48(14.46)	5.05(3.37)	68.91	11.06(8.75)	20.77(1.31)	53.25①
6	4.49(5.10)	5.12(0.90)	87.70①	19.58(3.16)	20.01(2.50)	97.85
7	4.53(5.14)	4.74(4.06)	95.57	14.99(5.11)	20.46(3.89)	73.26①
8	4.08(9.87)	5.31(4.05)	76.84	15.52(5.92)	20.62(6.15)	75.27①
9	5.05(2.96)	5.14(1.90)	98.25	18.36(6.30)	20.34(2.75)	90.27
10	4.23(4.80)	4.97(4.81)	85.11	16.50(3.60)	20.69(3.04)	79.75①
11	3.15(13.16)	4.79(5.03)	65.76①	16.66(6.97)	20.23(3.51)	82.35
12	4.48(5.70)	5.10(3.30)	87.84①	20.69(3.60)	20.74(1.87)	99.76
13	5.16(7.60)	5.14(2.66)	100.39	18.02(6.45)	20.99(2.93)	85.85①
14	4.07(2.48)	5.28(8.26)	77.08	17.04(2.96)	20.14(4.37)	84.61
15	4.54(5.53)	4.63(5.22)	98.06	17.82(3.51)	20.11(3.31)	88.61①
16	3.96(6.22)	4.83(3.79)	81.99	17.05(4.90)	20.76(1.75)	82.13
17	4.68(2.43)	5.52(4.64)	84.78①	19.76(4.94)	20.18(0.96)	97.92
18	4.99(4.14)	5.18(2.39)	96.33	18.40(4.41)	20.51(2.62)	89.71①

	添加水平					
	5mg/kg			20mg/kg		
编号	挥发量 E_{vol}（RSD/%）/(mg/kg)	总量 E_{total}（RSD/%）/(mg/kg)	回收率 R/%	挥发量 E_{vol}（RSD/%）/(mg/kg)	总量 E_{total}（RSD/%）/(mg/kg)	回收率 R/%
19	4.90(3.94)	4.83(10.18)	101.45	19.43(4.19)	20.92(2.96)	92.88①
20	5.03(6.52)	5.16(4.23)	97.48	18.64(4.05)	21.16(1.97)	88.09①
21	5.13(5.76)	4.88(3.40)	105.12	18.04(3.21)	20.50(2.51)	88.00
22	4.13(6.70)	5.08(2.66)	81.30①	18.33(3.52)	20.55(2.43)	89.20
23	5.08(5.06)	4.95(2.11)	102.63	19.80(4.65)	20.03(1.84)	98.85
24	4.65(6.35)	5.21(10.96)	89.25	18.16(2.98)	22.04(4.41)	82.40①
25	4.42(9.02)	4.93(2.21)	89.66①	18.18(4.08)	20.07(2.84)	90.58
26	4.68(4.34)	5.23(2.82)	89.48	19.58(5.01)	20.45(1.98)	95.75
27	4.69(3.21)	4.95(4.15)	94.75	18.84(7.41)	19.87(2.03)	94.82
28	4.69(3.21)	4.95(4.15)	94.75	18.84(7.41)	19.87(2.03)	94.82
29	4.77(7.07)	4.69(6.08)	101.71	17.94(0.97)	19.74(2.89)	90.88
30	3.42(4.80)	5.39(2.63)	63.45	11.95(6.63)	20.56(1.83)	58.12①
31	4.66(6.42)	5.50(3.84)	84.73	17.39(2.13)	19.50(5.54)	89.18
32	3.81(8.55)	4.95(3.83)	76.97	17.21(8.75)	19.88(2.73)	86.57
33	2.42(13.27)	4.85(1.77)	49.90	9.89(5.93)	19.47(2.41)	50.80
34	4.68(2.91)			17.29(4.47)	19.31(4.52)	86.06
35	4.53(4.24)	5.45(3.00)	83.12	18.89(3.62)	20.09(2.76)	94.03
36	3.98(5.33)	5.06(3.51)	78.66	13.77(11.02)	19.52(3.89)	70.54
37	4.90(5.15)	5.33(2.81)	91.93	18.49(4.69)	21.47(3.60)	86.12
38	4.54(5.33)	5.00(10.70)	90.80	13.57(12.55)	19.81(7.78)	68.50①

	添加水平					
	10mg/kg			200mg/kg		
编号	挥发量 E_{vol}（RSD/%）/(mg/kg)	总量 E_{total}（RSD/%）/(mg/kg)	回收率 R/%	挥发量 E_{vol}（RSD/%）/(mg/kg)	总量 E_{total}（RSD/%）/(mg/kg)	回收率 R/%
1	20.22(11.20)	92.42(10.09)	21.88	31.88(3.40)	189.45(4.47)	16.83
2	36.23(5.17)	84.88(12.54)	42.68	41.76(8.02)	173.86(14.81)	24.02①
3	70.67(2.88)	92.59(4.93)	76.33	106.24(7.79)	188.74(1.20)	56.29
4	38.18(10.68)	101.78(4.35)	37.51	56.80(8.87)	190.58(3.09)	29.80①
5	70.60(8.54)	99.94(4.26)	70.64	112.74(5.32)	187.67(1.70)	60.07
6	93.69(4.17)	94.93(2.46)	98.69	191.37(6.40)	190.71(2.10)	100.35

编号	添加水平					
	10mg/kg			200mg/kg		
	挥发量 E_{vol} (RSD/%) /(mg/kg)	总量 E_{total} (RSD/%) /(mg/kg)	回收率 R/%	挥发量 E_{vol} (RSD/%) /(mg/kg)	总量 E_{total} (RSD/%) /(mg/kg)	回收率 R/%
7	94.94(3.71)	99.08(3.50)	95.82	159.40(6.18)	189.12(1.95)	84.29
8	91.94(4.92)	105.55(4.09)	87.11	174.20(4.48)	195.49(2.58)	89.11
9	84.19(5.15)	98.78(2.04)	85.23①	170.68(4.83)	189.02(0.77)	90.30
10	84.17(5.77)	104.24(4.33)	80.75	160.38(5.28)	187.20(1.18)	85.67
11	79.75(5.32)	98.31(1.43)	81.12	142.62(3.45)	194.39(2.53)	73.37
12	86.39(1.60)	96.92(2.58)	89.14	188.04(6.83)	184.28(2.32)	102.04
13	99.43(2.05)	108.57(3.01)	91.58	194.03(3.38)	193.21(2.95)	100.42
14	69.92(5.34)	92.96(2.76)	75.22	137.06(1.47)	191.90(2.28)	71.42①
15	85.27(3.25)	86.29(4.10)	98.82	192.47(3.66)	164.72(7.58)	116.85
16	57.04(7.76)	89.35(3.74)	63.84①	129.56(4.33)	191.73(0.94)	67.57
17	84.72(2.69)	97.49(3.09)	86.90	168.77(2.58)	194.02(1.13)	86.99
18	90.41(2.81)	97.80(1.31)	92.44	172.45(2.21)	189.03(1.64)	91.23
19	85.03(3.96)	86.73(3.39)	98.04	190.28(5.29)	188.56(4.32)	100.91
20	95.46(3.10)	97.91(2.91)	97.50	198.47(5.17)	189.35(1.66)	104.82
21	85.50(2.43)	99.37(3.02)	86.04①	191.90(4.11)	192.84(2.01)	99.51
22	78.68(2.45)	94.73(1.27)	83.06	188.07(5.13)	189.73(1.82)	99.13
23	91.57(4.38)	98.79(2.18)	92.69①	193.40(5.20)	199.77(1.94)	96.81
24	84.51(5.36)	94.91(4.93)	89.04	204.94(1.64)	184.41(4.10)	111.13
25	91.31(4.55)	97.15(2.22)	93.99	194.99(3.74)	190.43(1.27)	102.39
26	84.84(4.84)	100.31(3.08)	84.58	166.61(4.07)	202.94(2.01)	82.10①
27	87.91(7.26)	96.79(3.16)	90.83	170.17(6.04)	198.65(1.46)	85.66①
28	87.91(7.26)	96.79(3.16)	90.83	170.17(6.04)	198.65(1.46)	85.66①
29	81.16(8.81)	96.09(2.54)	84.46①	177.29(3.62)	193.26(2.10)	91.74
30	73.65(3.66)	97.73(3.03)	75.36	129.01(3.41)	190.13(0.80)	67.85
31	78.08(6.51)	95.22(2.34)	82.00①	177.81(4.75)	190.80(1.88)	93.19
32	49.38(3.39)	94.10(3.19)	52.48①	165.86(4.14)	193.06(3.27)	85.91
33	41.72(10.43)	98.46(0.73)	42.37①	122.70(6.47)	188.36(2.11)	65.14
34	84.06(7.23)	105.44(1.64)	79.72①	161.85(2.29)	194.70(0.88)	83.13
35	69.50(6.23)	102.48(1.90)	67.82①	175.70(4.91)	192.81(2.50)	91.13
36	62.05(4.48)	97.14(2.55)	63.88①	153.71(5.25)	188.00(1.65)	81.76
37	62.56(5.71)	100.69(2.08)	62.13①	162.55(2.86)	189.07(1.95)	85.97
38	73.01(5.13)	100.29(2.36)	72.80	158.79(2.38)	189.77(2.00)	83.67

注：编号对应的化合物同表2-8。

如表 2-15 所列,为了最大程度地减少假阴性数据,获得相对准确的校正系数,取 4 个添加水平中所得数据最小的回收率(即表 2-15 中带①的值)作为计算校正系数的依据。

另外,为了设置相对安全的区间,排除不同样品基质间的差异,参考安全评估领域安全系数法中的不确定系数(uncertainty factor,UF)的概念,以 10 作为由不同玩具样品基质引起的种内差异。这样得到校正系数的计算公式:

$$校正系数 = (1/R) \times UF$$

式中,R 为不同添加水平下的最小的回收率;UF 为不确定系数,这里设定为 10。

按照该公式计算得到 38 种化合物的校正系数,如表 2-16 所列。

将快速筛查法测得的挥发量乘以校正系数,即得到样品中芳香剂的预测总量。根据预测值评估其是否为可疑阳性样品,并结合总量的确证方法进行确证,大大提高了分析效率,降低了分析成本。

表 2-16　计算所得校正系数

编号	化合物	校正系数
1	丙烯酸乙酯	89.05
2	巴豆酸甲酯	41.63
3	5-甲基-2,3-己二酮	19.26
4	反-2-庚烯醛	33.56
5	d-柠檬烯	18.78
6	苯甲醇	11.40
7	柠康酸二甲酯	13.65
8	芳樟醇	13.29
9	苯乙腈	11.73
10	马来酸二乙酯	12.54
11	2-辛炔酸甲酯	15.21
12	4-甲氧基苯酚	11.38
13	香茅醇	11.65
14	柠檬醛	14.00
15	香叶醇	11.29
16	肉桂醛	15.66
17	4-乙氧基苯酚	11.80
18	对叔丁基苯酚	11.15

编号	化合物	校正系数
19	肉桂醇	10.77
20	丁香酚	11.35
21	苯亚甲基丙酮	11.62
22	二氢香豆素	12.30
23	香豆素	10.79
24	异丁香酚	12.14
25	α-异甲基紫罗兰酮	11.15
26	铃兰醛	12.18
27	6-甲基香豆精	11.67
28	7-甲基香豆精	11.67
29	假紫罗兰酮	11.84
30	二苯胺	17.21
31	甲位戊基桂醛	12.20
32	4-(对甲氧基苯基)-3-丁烯-2-酮	19.05
33	新铃兰醛	23.60
34	金合欢醇	12.54
35	己基肉桂醛	14.74
36	1-(对甲氧基苯基)-1-戊烯-3-酮	15.65
37	苯甲酸苄酯	16.10
38	葵子麝香	14.60

2.2.6 实际样品检测

应用本方法对市场上购买的 12 款布绒玩具进行了致敏性芳香剂含量的筛查，并用确证的方法进行了验证。结果表明，3 款布绒玩具中检出了致敏芳香剂，分别编号为 1 号、2 号、3 号。图 2-13 为 1 号检出玩具样品的快速筛查方法与确证方法测定结果的对比图，图 2-14 为 2 号检出玩具样品的快速筛查方法与确证方法测定结果的对比图，图 2-15 为 3 号检出玩具样品的快速筛查方法与确证方法测定结果的对比图。其中 a、c、e 所示为 3 款检出玩具的快速筛查法测定结果，其预测残留量分别为 28.50mg/kg、81.90mg/kg 和 96.03mg/kg，图中 b、d、f 为这 3 款玩具按确证方法测得的总量测定结果，分别为 0.82mg/kg、5.29mg/kg 和 5.29mg/kg。因 2 号、3 号玩具为同一厂家同一批次的不同玩具，所以检测结果相近。由图可知，快速筛查方法的预测值高于实际含量，原因是设定了较宽的安全区间，玩具的材质与实验中所采用的空白玩具相似，减少了由基质不同引起的不确定性，所以这 3 款玩具中检出物质的预测残留量远高于确证方法的残留量，有效避免了假阴性数据的出现。

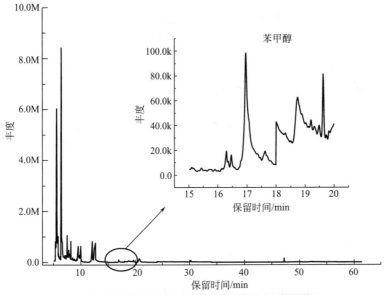

(a) 用热解吸快速筛查方法测得的1号玩具实际样品谱图

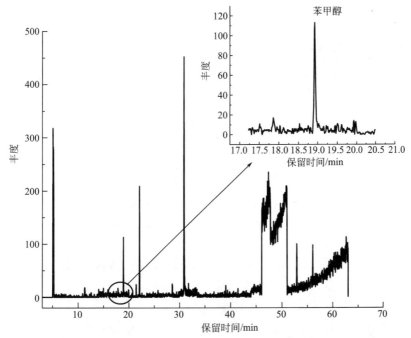

(b) 用确证方法测得的对应的1号玩具实际样品谱图

图 2-13　1号实际玩具样品的 GC-MS 谱图

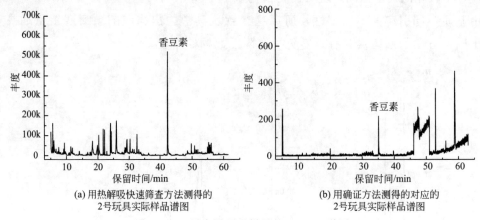

(a) 用热解吸快速筛查方法测得的
2号玩具实际样品谱图

(b) 用确证方法测得的对应的
2号玩具实际样品谱图

图 2-14 2号实际玩具样品的 GC-MS 谱图

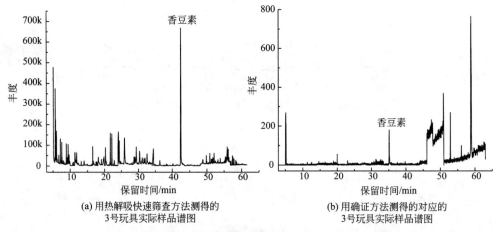

(a) 用热解吸快速筛查方法测得的
3号玩具实际样品谱图

(b) 用确证方法测得的对应的
3号玩具实际样品谱图

图 2-15 3号实际玩具样品的 GC-MS 谱图

参 考 文 献

[1] Lamas J P, Sanchez-Prado L, Garcia-Jares C, et al. Development of a solid phase dispersion-pressurized liquid extraction method for the analysis of suspected fragrance allergens in leave-on cosmetics. J. Chromatogr. A, 2010, 1217 (52): 8087.

[2] Lamas J P, Sanchez-Prado L, Garcia-Jares C, et al. Determination of fragrance allergens in indoor air by active sampling followed by ultrasound-assisted solvent extraction and gas chromatography-mass spectrometry. J. Chromatogr. A, 2010, 1217 (12): 1882.

[3] Lamas J P, Sanchez-Prado L, Lores M, et al. Sorbent trapping solid-phase microextraction of fragrance allergens in indoor air. J. Chromatogr. A, 2010, 1217 (33): 5307.

[4] Becerril-Bravo E, Lamas J P, Sanchez-Prado L, et al. Ultrasound-assisted emulsification-microextrac-

tion of fragrance allergens in water. Chemosphere，2010，81（11）：1378.

[5] Lamas J P，Sanchez-Prado L，Garcia-Jares C，et al. Solid-phase microextraction gas chromatography-mass spectrometry determination of fragrance allergens in baby bathwater. Anal. Bioanal. Chem.，2009，394（5）：1399.

[6] Chaintreau A，Joulain D，Marin C，et al. GC-MS Quantitation of Fragrance Compounds Suspected To Cause Skin Reactions. J. Agric. Food. Chem.，2003，51（22）：6398.

[7] Niederer M，Bollhalder R，Hohl C. Determination of fragrance allergens in cosmetics by size-exclusion chromatography followed by gas chromatography-mass spectrometry. J. Chromatogr. A，2006，1132（1-2）：109.

[8] Tsiallou T P，SakkasV A，Albanis T A. Development and application of chemometric-assisted dispersive liquid-liquid microextraction for the determination of suspected fragrance allergens in water samples. J. Sep. Sci.，2012，35（13）：1659.

[9] Villa C，Gambaro R，Mariani E，et al. High-performance liquid chromatographic method for the simultaneous determination of 24 fragrance allergens to study scented products. J. Pharmaceut. Biomed.，2007，44（3）：755.

[10] Rastogi S C，Johansen J D，Menne T，et al. Contents of fragrance allergens in children's cosmetics and cosmetic-toys. Contact Dermatitis，1999，41（2）：84.

[11] Masuck I，Hutzler C，Luch A. Investigations on the emission of fragrance allergens from scented toys by means of headspace solid-phase microextraction gas chromatography-mass spectrometry. J. Chromatogr. A，2010，1217（18）：3136.

[12] Masuck I，Hutzler C，Luch A. Estimation of dermal and oral exposure of children to scented toys：Analysis of the migration of fragrance allergens by dynamic headspace GC-MS. J. Sep. Sci.，2011，34（19）：2686.

[13] Danish Ministry of the Environment. Mapping of Perfume in Toys and Children's Articles. Survey of Chemical Substances in Consumer Products，No. 68，2006.

[14] Directive 2009/48/EC of the European Parliament and of the Council of 18 June 2009 on the Safety of Toys. Off.J.Eur. Union L. 170（2009）1.

[15] 吕庆，张庆，白桦，等. 气相色谱-离子阱质谱联用测定玩具中21种致敏性芳香剂. 色谱，2012，30（5）：480-486.

[16] 吕庆，张庆，白桦，等. 气相色谱-离子阱质谱联用测定玩具中8种酯类致敏性芳香剂. 分析实验室，2012，31（4）：45-49.

[17] 钱永忠，李耘. 农产品质量安全风险评估-原理、方法和应用. 北京：中国标准出版社，2007：36-38.

3

儿童用品中内分泌干扰物及致癌物检测

3.1 双酚 A 和烷基酚等酚类内分泌干扰物的测定

3.1.1 方法提要

本方法适用于 ABS 塑料材质和纺织品材质的儿童用品中双酚 A、辛基酚、4-辛基酚、邻正壬基酚和对正壬基酚 5 种酚类内分泌干扰物的测定。

本方法的基本原理是：ABS 塑料材质样品以四氢呋喃为提取溶剂，超声辅助溶解，用甲醇沉淀塑料基质后上层清液旋蒸至净干，用甲醇定容；纺织品样品用甲醇作为提取溶剂，超声提取，用甲醇定容。样品滤液在 LC/MS/MS 多反应监测模式下进行定性与定量分析。该方法对于双酚 A、辛基酚、4-辛基酚、邻正壬基酚和对正壬基酚 5 种酚类内分泌干扰物的定量限分别为 $1\mu g/kg$、$1\mu g/kg$、$1\mu g/kg$、$0.5\mu g/kg$ 和 $0.5\mu g/kg$；加标回收率为 83.1％～110％，相对标准偏差均小于 9.1％。该方法最大的优点是采用三重四级杆质谱检测器，灵敏度高、重复性好，对于酚类内分泌干扰物的定量更准确可靠。

3.1.2 待测物质基本信息

见表 3-1。

表 3-1 待测物质基本信息

中文名称	CAS 号	分子式	相对分子质量	结构式
双酚 A	80-05-7	$C_{15}H_{16}O_2$	228.29	HO〇〇OH

续表

中文名称	CAS号	分子式	相对分子质量	结构式
辛基酚	27193-28-8	$C_{14}H_{22}O$	206.32	
邻正壬基酚	84852-15-3	$C_{15}H_{24}O$	220.35	
4-辛基酚	1806-26-4	$C_{14}H_{22}O$	206.32	
对正壬基酚	104-40-5	$C_{15}H_{24}O$	220.35	

3.1.3　国内外检测方法进展对比

对于酚类内分泌干扰物的检测主要以仪器分析方法为主，包括气相色谱-质谱联用（GC-MS），高效液相色谱（HPLC），液相色谱-质谱联用（LC-MS-MS）等。气相色谱-质谱联用结合了气相色谱和质谱的两者之长，具有定性能力强、灵敏度高、选择性好的优点，广泛用于环境中易挥发的有机污染物的分析，但酚类内分泌干扰物通常沸点较高，不易挥发，不适合 GC-MS 分析，所以采用该方法前通常都需要进行衍生化。如 Latorre 等人采用微波辅助萃取结合固相微萃取，提取纸张中的 OP 和 NP，该方法采用 MDN-5S 柱，APs 无需衍生直接进样。SPME 以水作为提取溶剂，采用二乙烯苯-碳分子筛-聚二甲基硅氧烷（DVB-CAR-PDMS）固相微萃取纤维，提取速度快，效率高，避免了有机溶剂的使用，该方法最小检出限 OP 为 $0.1\mu g/kg$，NP 为 $4.56\mu g/kg$。

高效液相色谱常用的检测器有紫外检测器和荧光检测器。烷基酚类物质结构既具有疏水的烷基也有亲水的聚乙氧基，因而使用液相分析时既可采用极性正相色谱柱也可采用非极性反相色谱柱。正相色谱采用极性正相柱（常用的有氨基硅烷柱和氰基硅烷柱）和非极性流动相，原理是利用极性正相柱吸附聚乙氧基，根据乙氧基的聚合度不同（亲水性不同），将各组分分离。反相色谱采用非极性柱（常用 C_8 柱和 C_{18} 柱）和极性流动相，原理是根据烷基链的长短不同对反相柱的吸附力不同进行分离。例如，张登源等建立了塑料产品中烷基酚及烷基酚聚氧乙烯醚含量的高效液相色谱-荧光测定方法，样品以甲醇为溶剂进行索氏萃取，采用 C_{18} 色谱柱，荧光检测器测定。

液相色谱-质谱联用结合了液相色谱高效分离的特点和质谱选择性好、灵敏度高、可同时测定多种物质的特点。它弥补了 GC-MS 法不能测定难挥发的烷基酚类物质的不足以及高效液相色谱选择性差的缺点，同时前处理简单，样品量少，这给测定该类物质带来了极大的方便。LC-MS 常用的电离方式有电喷雾电离（ESI）和大气压化学电离（APCI）。另外，色谱与高分辨率质谱及多级 MS-MS 联用技术将是未来监测和分析环境中内分泌干扰物较有力的手段之一，液相色谱串联质谱（LC-MS-MS）是 2000 年后发展起来的一项技术，其在测定多组分混合物方面具有无可比拟的优越性。化合物通过一级质谱确定母离子，将其打碎，产生子离子，利用母子离子对确定目标化合物。如马强等建立了纺织品与食品包装材料中烷基酚及双酚 A 迁移量的液相色谱-串联质谱分析方法；高欣等采用高效液相色谱法对塑胶玩具及儿童用品中的双酚A（BPA）的含量进行了测定。

另外，从国外的文献看，检测方法涉及的物质种类与国内相差不大，但定量方法国外文献采用内标法较多，而国内的文献采用的定量方法以外标法为主。由于物质的适用范围不同，检测器类型和前处理方法不同，检测限和定量限表达方式差异很大，相互之间可比性不大，但从回收率和相对标准偏差看各方法的效果均较好。这些检测方法中气相色谱质谱法检出限能达到 ng/L，其检出限和回收率因衍生剂、样品基体和前处理方法不同而不同，但是绝大多数气相色谱质谱法需衍生，操作烦琐；HPLC 法可以直接检测，但是受检测器的限制选择性较差，难以区分聚合体；LC-MS-MS 法选择性好，灵敏度高，分析速度快，但是仪器设备较为昂贵，普及面不广。因此在实际应用中，应根据样品的种类和基体、目标化合物的性质以及测定结果的要求，选择合适的前处理方法和检测手段，建立快速、准确、高效的分析方法。通过这些方法的比对分析可以为我们的检验监管提供重要的技术支撑，可以充分利用这些报道的新技术、新方法的优点，改进现有标准的不足，使我们的检验监管工作更加快速有效。

3.1.4　仪器与试剂

检测设备为 Waters 2695 高效液相色谱-Quattromicro API 质谱联用仪（见彩色插图 3)。辅助设备包括超声波清洗器、电子天平、超纯水器、粉碎机。

双酚 A、辛基酚、4-辛基酚、邻正壬基酚、对正壬基酚 5 种有机物的标准品纯度均大于 98%；甲醇、二氯甲烷、乙腈、四氢呋喃、无水乙醇为色谱纯；

实验用水为经 Milli-Q 净化系统过滤的去离子水；氮气和氩气纯度≥99.999％。

标准储备溶液：分别准确称量适量双酚 A、辛基酚、4-辛基酚、邻正壬基酚、对正壬基酚 5 种酚类内分泌干扰物标准物质（精确到 0.1mg），以甲醇配制成浓度为 1000mg/L 的标准储备溶液，置于冰箱中于 4℃下避光保存，可保存 1 个月。

标准工作溶液：使用时根据需要用甲醇将标准储备溶液稀释成适当浓度的标准工作溶液。

3.1.5 分析步骤

将塑料材质的玩具样品用粉碎机粉碎，纺织品材质的玩具样品用剪刀剪碎，作为待测样品备用。

将 ABS 塑料玩具样品粉碎至 2mm×2mm 小样，准确称取 0.5g ABS 塑料玩具样品置于锥形瓶中，加入 10mL 溶剂溶解，超声提取 20min，用 25mL 甲醇沉淀 ABS 塑料，取上层清液旋蒸至净干，用甲醇定容至 10mL，过膜，弃去初滤液，滤液待上机测量。

取代表性纺织品材料玩具试样，剪碎至 5mm×5mm 以下，混合均匀，从混合样准确称取 0.5g 布绒玩具样品，溶于甲醇溶液，涡旋振荡 2min，超声提取 20min，定容至 10mL，过膜，弃去初滤液，滤液待上机测量。按上述前处理过程进行分析，各酚类内分泌干扰物质谱分析参数如表 3-2 所列。

表 3-2 双酚 A、辛基酚、壬基酚的质谱分析参数

中文名称	英文名称	保留时间 /min	监测离子对 (m/z)	锥孔电压 /V	碰撞能量 /eV
双酚 A	bisphenol A	3.35	227.2/212.1	30	20
			227.2/133.1		25
辛基酚	2-octylphenol	5.63	205.2/133.1	35	25
			205.2/134.1		18
邻正壬基酚	2-nonylphenol	6.52	219.2/133.1	30	30
			219.2/147.1		28
4-辛基酚	4-n-octylphenol	6.87	205.2/106.1	35	20
			205.2/119.1		30
对正壬基酚	4-n-nonylphenol	7.73	219.2/106.1	35	20
			219.2/119.0		30

实验条件如下。

（1）液相色谱条件

① 色谱柱：Waters XBridge C18 色谱柱（2.1mm×150mm×3.5μm）。

② 流动相：甲醇（A）-0.1％氨水（B）。0～1min，50％ A；1～2min，50％～80％ A；2～9min，80％～95％ A；9～10min，95％ A；10～11min，95％～50％ A。

③ 流速：0.30mL/min。

④ 柱温：30℃。

⑤ 进样量：5μL。

（2）质谱条件

① 电喷雾离子源：ESI-。

② 毛细管电压：3.10kV。

③ 射频透镜电压：0.5V。

④ 离子源温度：120℃。

⑤ 去溶剂气温度：400℃。

⑥ 去溶剂气流量：500L/h。

⑦ 锥孔气流量：50L/h。

⑧ 碰撞气：氩气；碰撞气压：$3.2×10^{-3}$mbar。

⑨ 数据采集模式：多反应监测。

根据样品中被测物含量情况，在设定的色谱条件下，在 0.5～100μg/L 的线性范围内选取 5～7 个点绘制标准工作曲线。

3.1.6　条件优化和方法学验证

3.1.6.1　提取溶剂的选择

本方法中，为保证酚类内分泌干扰物的检测结果的准确性，需尽可能优化前处理各步骤，其中最为重要的就是样品提取溶剂。ABS 塑料玩具基质较为复杂，常规溶剂溶解提取方法基质干扰较大，不适合 ABS 塑料样品中酚类内分泌干扰物的提取，而溶解沉淀法能很好地解决此问题。

首先制备含有 5 种酚类内分泌干扰物的阳性样品，其制作方法如下：将 ABS 塑料玩具样品用粉碎机粉碎，称取 20g 置于烧杯中，加入约 80mL 丙酮搅拌溶解呈略黏稠状，加入一定量标准物质混合溶液，搅拌混匀，倒入大表面皿，置于通风橱中自然风干。利用制作好的阳性样品为基准，摸索实验条件。

采用不同提取溶剂（四氢呋喃、丙酮、乙腈和二氯甲烷）提取环境内分泌干扰物，考察不同提取溶剂对酚类内分泌干扰物提取结果的影响，结果如图 3-1 所示。从图中可以看出，不同提取溶剂提取效果不同。其中四氢呋喃最佳，各物质上机所得峰面积优于其他提取溶剂；其次是丙酮；二氯甲烷和乙腈提取效果不佳。因此，选择四氢呋喃作为 ABS 塑料玩具提取溶剂。

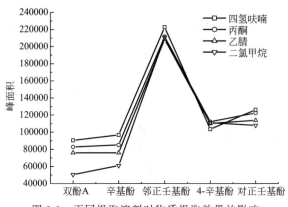

图 3-1　不同提取溶剂对物质提取效果的影响

3.1.6.2　色谱柱的选择

为确保最高效的分析灵敏度及准确度，考察不同品牌、不同键合相的 6 种液相色谱柱（XBridge C18、XSelect CHS C18、Acquity UPLC C18、Atlantis T3、Sunfire C18 和 XBridge Phenyl）对酚类内分泌干扰物的分离效果的影响。结果如图 3-2 所示。从图中可以看出，采用 Acquity UPLC C18 柱时分离效果较好，但该柱子是填料粒径 $0.7\,\mu m$ 的高效液相色谱柱，适用范围窄，且该柱子对仪器的要求较高，不利于方法的推广和普及，所以我们选择

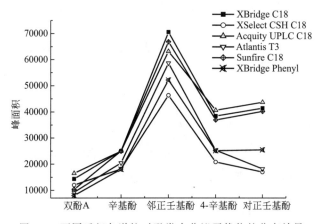

图 3-2　不同反相色谱柱对酚类内分泌干扰物的分离效果

相对结果较好的 XBridge C18 柱。

3.1.6.3 流动相的选择

分别考察一定条件下，不同流动相配比对分离效果的影响，结果如图 3-3 所示。从图中可以看出，采用甲醇作为流动相时分离效果比乙腈要好，在固定甲醇有机流动相，采用添加不同浓度的氨水时，分离效果均好于纯水，这是因为氨水的存在促进了负离子模式下分析物的电离，但氨水的浓度并不是越高越好，过高的浓度，表现为过高的 pH 值，给色谱柱及系统造成一定的损害。综合考虑到不同浓度的氨水结果的相应值及其对仪器、柱子等的影响，我们最终选择 0.1% 的氨水-甲醇作为流动相。

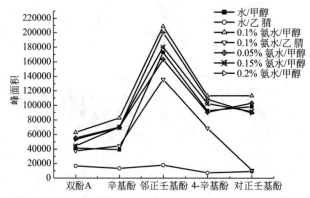

图 3-3　不同流动相对酚类内分泌干扰物分离效果的影响

3.1.6.4 流速的选择

我们分别考察了一定条件下，不同流速对分离效果的影响，结果如图 3-4 所示。从图中可以看出，随着流速的增加，峰面积几乎成倍地减小，因为低

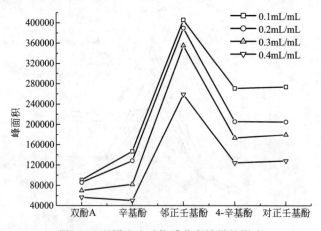

图 3-4　不同流速对物质分离效果的影响

流速下，峰形较为矮胖，灵敏度相应降低，高流速下峰形被拉伸，峰形高瘦，灵敏度相应提高。综合考虑响应值和灵敏度的要求，选择 0.3mL/min 作为最终流速。

3.1.6.5　柱温的选择

在前期实验优化结果条件下，考察不同柱温对分离效果的影响，结果如图 3-5 所示。从图中可以看出，柱温对响应值的结果影响不大，在正常的波动范围内。另外，随着温度的升高，各个峰的保留时间前移，峰形变好，但过高的温度对柱子也有影响，所以我们最终选择 35℃ 作为最佳的检测温度。

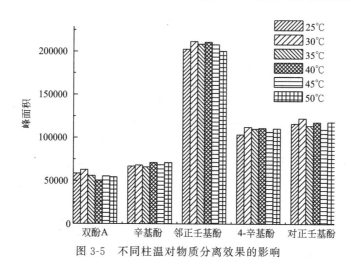

图 3-5　不同柱温对物质分离效果的影响

3.1.6.6　线性方程和定量限

在本方法确定的实验条件下，配制标准混合溶液，以色谱峰面积为纵坐标，对应的各物质含量为横坐标，绘制标准工作曲线。结果表明，在线性范围内 5 种物质的质量含量与峰面积有良好的线性关系，线性相关系数均大于 0.996。以响应信号大于噪声 10 倍时对应的进样浓度作为定量限，确定各物质的定量限，双酚 A、辛基酚、邻正壬基酚、4-辛基酚和对正壬基酚的定量限分别为 $1\mu g/kg$、$1\mu g/kg$、$1\mu g/kg$、$0.5\mu g/kg$ 和 $0.5\mu g/kg$。结果如表 3-3 所列。酚类内分泌干扰物标准溶液色谱图见图 3-6。

表 3-3　5 种物质的线性范围、线性方程、相关系数、方法的定量限

化合物	线性范围/μg	线性方程	相关系数	定量限/(μg/kg)
双酚 A	0.5～100	$Y=154.646X+1148.91$	0.9969	1
辛基酚	0.5～100	$Y=80.1444X+20.7721$	0.9999	1
邻正壬基酚	0.5～100	$Y=219.135X+778.176$	0.9966	1

续表

化合物	线性范围/μg	线性方程	相关系数	定量限/(μg/kg)
4-辛基酚	0.5～100	$Y=212.711X+26.853$	0.9997	0.5
对正壬基酚	0.5～100	$Y=226.3X+1388.28$	0.9975	0.5

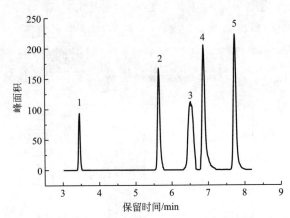

图 3-6   酚类内分泌干扰物标准溶液色谱图

1—双酚 A；2—辛基酚；3—邻正壬基酚；4—4-辛基酚；5—对正壬基酚

3.1.6.7   回收率和精密度

在寻找空白基质样品的过程中，经测定发现市场上所有商品均含有 2 种或多种我们所研究的酚类内分泌干扰物，因此我们选择含酚类内分泌干扰物含量及种类最低的样品为空白样品，因此空白基质含有一定本底干扰，在添加回收实验的过程中扣除本底干扰。本文选用塑料玩具和布绒玩具样品进行添加回收和精密度实验，对于每种物质设定了低、中、高 3 个加标浓度水平，按本方法所确定的实验条件，对每个添加浓度重复进行 6 次试验。结果表明，ABS 塑料玩具中 5 种酚类内分泌干扰物在低、中、高 3 种加标水平的回收率为 84.8%～110%，相对标准偏差为 2.6%～9.1%；布绒玩具中 5 种酚类内分泌干扰物在低、中、高 3 种加标水平的回收率为 83.1%～104.6%，相对标准偏差为 0.7%～5.4%。

见表 3-4 和表 3-5。

表 3-4   ABS 塑料玩具样品的回收率及精密度（$n=6$）

化合物	添加浓度/(μg/kg)	回收率/%	RSD/%
双酚 A	1	88.1～108.8	7.8
	10	93.4～108.8	5.69
	20	86.4～101.9	5.91

续表

化合物	添加浓度/(μg/kg)	回收率/%	RSD/%
辛基酚	1	91.6~112.4	7.18
	10	86.9~94.8	2.67
	20	90.3~104.8	5.33
邻正壬基酚	1	90.8~103.1	4.39
	10	89.4~107.4	7.4
	20	87.9~103.5	5.69
4-辛基酚	0.5	93.1~108.4	6.34
	5	99~110	4
	10	96~107.1	3.87
对正壬基酚	0.5	84.8~107.7	9.1
	5	99.1~108.5	3.19
	10	89~97.1	3.16

表 3-5　布绒玩具样品的回收率及精密度 （n＝6）

化合物	添加浓度/(μg/kg)	回收率/%	RSD/%
双酚 A	1	83.1~92.8	4.03
	10	95.2~103	4.13
	20	84.5~91.5	2.7
辛基酚	1	88.7~102.4	4.71
	10	84.2~98.6	5.44
	20	84.2~91.5	2.42
邻正壬基酚	1	85.5~104.6	5.03
	10	83.8~91.1	2.65
	20	85~97	4.64
4-辛基酚	0.5	84.6~97.9	5.03
	5	90.3~95.4	1.76
	10	87.1~89	0.7
对正壬基酚	0.5	83.3~96.2	4.87
	5	85.2~89.6	1.8
	10	87.7~92.5	1.68

3.1.7　实际样品检测

应用本方法对不同来源、不同种类的 ABS 塑料玩具样品 （12 件）和布绒玩具样品 （10 件）进行环境内分泌干扰物的实际分析测量。测定结果表明所测 22 种玩具样品均含有双酚 A 和邻正壬基酚，含量分别在 83.3~34292.9μg/kg 和 497~89196.9μg/kg，而所测 22 种玩具样品均未检出含有对正壬基酚。5 种 ABS 玩具含有辛基酚，含量为 52.4~1203.8μg/kg；1 种布绒玩具检出含有辛基酚，含量为 58.35μg/kg。具体结果如表 3-6 所列。

表 3-6　玩具样本检测结果　　　　　　　　　　单位：μg/kg

基质	序号	双酚 A	辛基酚	邻正壬基酚	4-辛基酚	对正壬基酚
ABS 塑料样品	1	86.3	1759.6	722.2	ND	ND
	2	925.3	ND	1726.3	ND	ND
	3	4753.1	ND	711.9	3.6	ND
	4	83.3	ND	650.1	ND	ND
	5	394.1	54.8	1085.5	ND	ND
	6	30603.1	ND	80207.2	ND	ND
	7	636.7	ND	1694.6	ND	ND
	8	34292.9	ND	3882.2	ND	ND
	9	12229.1	ND	780.6	ND	ND
	10	101.6	52.4	811.1	ND	ND
	11	152.7	586.9	497	ND	ND
	12	2369.7	49.4	649.7	3.7	ND
布绒样品	1	196.8	ND	500.4	ND	ND
	2	264.9	ND	4149.3	ND	ND
	3	242.8	ND	725.8	ND	ND
	4	269.3	ND	89196.9	ND	ND
	5	1641.4	1203.884	39680.8	ND	ND
	6	233.4	ND	4342.9	ND	ND
	7	333.7	ND	628.6	ND	ND
	8	226.6	ND	2118.1	ND	ND
	9	1366.3	ND	2044.1	ND	ND
	10	215.5	ND	4872.1	ND	ND

注："ND"表示未检出。

3.2　亚硝胺的测定

3.2.1　方法提要

本方法适用于乳胶材质的婴儿奶嘴、安抚奶嘴和气球等玩具中 N-亚硝基二甲基胺、N-亚硝基甲基乙基胺、N-亚硝基二乙基胺、N-亚硝基二异丙胺、N-亚硝基-N-甲基苯胺、N-亚硝基吗啉、N-亚硝基二丙基胺、N-亚硝基哌啶、N-亚硝基-N-乙基苯胺、N-亚硝基二异丁基胺、N-亚硝基二丁基胺、N-亚硝基二苯基胺、N-亚硝基二环己胺、N-亚硝基二苄基胺、N-亚硝基二异壬胺共 15 种 N-亚硝胺及可亚硝化物质迁移量的测定。

方法的基本原理是：试样用人工唾液迁移提取，迁移溶液经固相萃取净化浓缩，样液用气相色谱-串联质谱（GC-MS/MS）进行测定，采用多反应监测模式（MRM）进行定性和外标法定量。15 种 N-亚硝胺在 $5\sim2000\mu g/L$ 范围内呈良好的线性关系，相关系数均大于 0.998；方法定量限（S/N）为 $0.625\sim12.50\mu g/kg$，低于欧盟 2009/48/EC 指令的限量要求；在低、中、高 3 个添加水平的平均回收率为 $49.5\%\sim116.2\%$；日内精密度为 $1.3\%\sim14.0\%$（$n=6$），日间精密度为 $1.6\%\sim7.6\%$（$n=4$）。该方法能够有效测定乳胶材质的婴儿奶嘴、安抚奶嘴和气球等玩具中 N-亚硝胺及可亚硝化物质的迁移量。

3.2.2　待测物质基本信息

见表 3-7。

表 3-7　待测物质基本信息

中文名称 （英文缩写）	CAS 号	分子式	相对分子质量	结构式
N-亚硝基二甲基胺 （NDMA）	62-75-9	$C_2H_6N_2O$	74	
N-亚硝基甲基乙基胺 （NEMA）	10595-95-6	$C_3H_8N_2O$	88	
N-亚硝基二乙基胺 （NDEA）	55-18-5	$C_4H_{10}N_2O$	102	
N-亚硝基二异丙胺 （NDiPA）	601-77-4	$C_6H_{14}N_2O$	130	
N-亚硝基-N-甲基苯胺 （NMPhA）	614-00-6	$C_7H_8N_2O$	136	

中文名称 （英文缩写）	CAS 号	分子式	相对分子质量	结构式
N-亚硝基吗啉 （NMOR）	59-89-2	$C_4H_8N_2O_2$	116	
N-亚硝基二丙基胺 （NDPA）	621-64-7	$C_6H_{14}N_2O$	130	
N-亚硝基哌啶 （NPIP）	100-75-4	$C_5H_{10}N_2O$	114	
N-亚硝基-N-乙基苯胺 （NEPhA）	612-64-6	$C_8H_{10}N_2O$	150	
N-亚硝基二异丁基胺 （NDiBA）	997-95-5	$C_8H_{18}N_2O$	158	
N-亚硝基二丁基胺 （NDBA）	924-16-3	$C_8H_{18}N_2O$	158	
N-亚硝基二苯基胺 （NDPhA）	86-30-6	$C_{12}H_{10}N_2O$	198	
N-亚硝基二环己胺 （NDCHA）	947-92-2	$C_{12}H_{22}N_2O$	210	
N-亚硝基二苄基胺 （NDBzA）	5336-53-8	$C_{14}H_{14}N_2O$	226	
N-亚硝基二异壬胺 （NDiNA）	1207995-62-7	$C_{18}H_{38}N_2O$	298	

3.2.3 国内外检测方法进展及对比

N-亚硝胺是一类具有—N—N═O结构的强致癌有机化合物，迄今为止已发现的300多种亚硝胺中约有90%具有致癌作用。可亚硝化物质是指在一定条件下能够生成N-亚硝胺的物质，包括亚硝酸盐、氮氧化物和胺类物质（主要是仲胺）等。乳胶制品中的N-亚硝胺主要产生于乳胶的硫化成型过程。具有仲胺基的硫化催化剂在硫化过程中会给出仲胺，仲胺能与空气中或配合剂中的氮氧化物NO_x（主要是NO_2）在酸性环境或催化剂条件下生成稳定的N-亚硝胺。2009年，欧盟通过《玩具安全新指令》（2009/48/EC），规定供3岁以下婴儿使用的玩具和供儿童放入口中的玩具严禁使用亚硝胺，如若工艺过程实在无法避免，其总亚硝胺的迁移量也不得高于0.05mg/kg，总可亚硝化物质的迁移量不得高于1mg/kg。该指令已于2009年7月20日正式实施，与该指令配套的欧盟协调标准EN71-12要求至少检测13种N-亚硝胺，包括脂肪族亚硝胺、脂环族亚硝胺及芳香族亚硝胺。

目前，N-亚硝胺常用的检测方法有气相色谱-热能分析仪联用法（GC-TEA）、气相色谱-电子轰击源单级质谱法（GC-EI-MS）、气相色谱-电子轰击源串联质谱法（GC-EI-MS/MS）、气相色谱-化学源单级质谱法（GC-CI-MS）、气相色谱-化学源串联质谱法（GC-CI-MS/MS）、液相色谱法（HPLC）和液相色谱-串联质谱法（LC-MS/MS）。其中，GC-TEA仪器普及度较差，应用受到一定限制。GC-CI-MS主要依靠准分子离子峰进行定性，样品基质复杂时，易受到干扰而产生假阳性。同样的，GC-EI-MS在处理复杂基质的样品时难以对低分子量N-亚硝胺进行准确的定性及定量分析。GC-CI-MS/MS抗背景干扰能力强，但CI源电离率低，有时候采用串接质谱并不能很好地提高灵敏度，且CI源通常需要在低温条件下工作，离子源易受污染。HPLC的紫外检测器对N-亚硝胺的特异性不强，常需要对N-亚硝胺进行衍生，操作烦琐。LC-MS/MS灵敏度高，定性准确，但该设备昂贵，且对于半挥发性的N-亚硝胺，GC的分离度更佳。总的来看，对于N-亚硝胺的检测方法还需进一步优化和完善。

3.2.4 仪器与试剂

检测设备为7890A气相色谱仪（美国Agilent公司），Quattro micro GC三重四级杆质谱仪（美国Waters公司）。辅助设备包括TurboVap氮吹仪（美国Caliper公司）、固相萃取装置（美国Supelco公司）、Chromabond Easy固相萃取柱（500mg，6mL，德国 MN 公司）、Sep-Pak Dry 干燥柱（2.85g，美国 Waters 公司）、PTFE 滤膜（0.45μm，天津津腾公司）、电子天平（感量为0.001g）。

N-亚硝基二甲基胺（NDMA），纯度≥99.9%，购自美国 Sigma 公司；N-亚硝基甲基乙基胺（NEMA）、N-亚硝基二乙基胺（NDEA）、N-亚硝基二丙基胺（NDPA）、N-亚硝基二异丙胺（NDiPA）、N-亚硝基二丁基胺（NDBA）、N-亚硝基吗啉（NMOR）、N-亚硝基哌啶（NPIP）、N-亚硝基二苯基胺（NDPhA），纯度均>98%，购自德国 Dr. Ehrenstorfer 公司；N-亚硝基二环己胺（NDCHA）、N-亚硝基二苄基胺（NDBzA）、N-亚硝基二异壬胺（NDiNA）、N-亚硝基-N-甲基苯胺（NMPhA）、N-亚硝基-N-乙基苯胺（NEPhA）、N-亚硝基二异丁基胺（NDiBA），纯度均>95%，购自加拿大 TRC 公司。甲醇、乙酸乙酯、二氯甲烷、丙酮、正己烷为色谱纯，购自美国 J. T. Baker 公司。其他试剂为分析纯（北京化工厂）。实验用水为经 Milli-Q 净化系统过滤的去离子水（美国 Millipore 公司）。氦气、氩气（纯度>99.999%）。

人工唾液：称取 4.2g 碳酸氢钠、0.5g 氯化钠、0.2g 碳酸钾、30mg 亚硝酸钠，溶解于 900mL 水中。用 0.1mol/L 的氢氧化钠溶液或 0.1mol/L 的盐酸溶液调节 pH 值为 9.0，用水定容到 1L。人工唾液每天现用现配，确保亚硝酸盐浓度。

标准储备液：分别准确称取 0.1g 标准物质（精确到 1mg）于 100mL 棕色容量瓶内，用甲醇配制成浓度为 1000mg/L 的单标储备溶液。单标储备液于－(18±3)℃下避光保存。

混标储备溶液：准确移取适量各标准储备液于容量瓶中，以甲醇配制成浓度为 50mg/L 的混标储备溶液。混标储备液于－(18±3)℃下避光保存。

标准工作溶液：准确移取适量混标储备液，根据需要以乙酸乙酯配制一系列质量浓度的标准工作液。

3.2.5　分析步骤

整个样品处理及分析过程均在避光条件下进行，防止 N-亚硝胺光降解。样品溶液或标准溶液若不直接检测，应用棕色瓶储存于温度低于 5℃ 的暗处。

3.2.5.1　试样制备

气球类玩具样品：将待测气球样品沿纵向对称切成两半。若样品质量大于取样量，则继续纵向对称剪切成四份。

非气球类弹性体玩具样品：选取非气球类弹性体玩具的表面部分，尽量减少剪切边缘，并使剪切边缘平滑。取样面积至少（10±1）cm²，厚度不应大于1mm。若玩具弹性体部分表面积不足10cm²或剪切步骤会影响实验结果，则该玩具不需剪切，直接进行迁移提取。

3.2.5.2 迁移提取

称取5g（精确至1mg）样品于100mL具塞锥形瓶中，加入45mL人工唾液、玻璃珠若干，盖上盖子，轻轻摇匀，保证样品完全被模拟唾液浸润，于（40±2）℃恒温振荡（60±3）min。其中人工唾液和玻璃珠预先加热到40℃。迁移完成后，立即将锥形瓶中的迁移溶液转移至50mL棕色容量瓶，用适量人工唾液洗涤样品，与上述迁移溶液合并，以人工唾液定容至50mL。

该迁移溶液分别用于N-亚硝胺及可亚硝化物质的测定。立即准确移取10mL迁移溶液进行亚硝化反应，用于可亚硝化物质的测定；剩余40mL迁移溶液加入1mL 1mol/L氢氧化钠溶液，记作溶液A，用于N-亚硝胺的测定。

3.2.5.3 亚硝化过程

迁移溶液定容后，立即准确移取10mL迁移溶液至50mL具塞锥形瓶中，加入1mL 1.0mol/L盐酸溶液，混匀，于（40±2）℃下避光反应（30±1）min。反应结束后，加入2mL 1.0mol/L氢氧化钠溶液，此为溶液B，用于可亚硝化物质的测定。需要注意的是，可亚硝化物质包括亚硝酸盐、氮氧化物、胺类物质等，难以直接测定。本标准使迁移溶液中的可亚硝化物质在一定条件下发生亚硝化反应，转化成相应的亚硝胺，以亚硝胺测定结果间接表示可亚硝化物质的含量。

3.2.5.4 固相萃取浓缩

Chromabond Easy固相萃取柱依次用6mL乙酸乙酯、6mL甲醇活化，用10mL水平衡。溶液A（或溶液B）以1mL/min左右的流速过柱。上样完成后，抽干10min。用6mL乙酸乙酯分两次洗脱（每次3mL），收集洗脱液，用无水硫酸钠除去洗脱液中的水分，然后用缓慢的氮气流吹至1mL，样液摇匀后装入棕色进样小瓶，密封冷冻避光保存待测。

3.2.5.5 测定方法

（1）气相色谱-串联质谱测定条件

① 气相色谱-三重四极杆质谱仪。

② 色谱柱：HP-5 MS UI（30m×0.25mm×0.25μm），或相当者。

③ 升温程序：初温50℃，保持3min后以30℃/min的速率升至80℃，保持7min后以20℃/min的速率升至130℃，保持3min后以40℃/min的速率升至210℃，再以10℃/min的速率升至240℃并保持5min。

④ 进样口温度：280℃。

⑤ 离子源温度：180℃。

⑥ 传输线温度：250℃。

⑦ 载气：氦气（纯度≥99.999%）；流量 1.0mL/min。

⑧ 电离方式：EI。

⑨ 电离能量：70eV。

⑩ 进样方式：不分流进样。

⑪ 进样量：$1\mu L$。

⑫ 碰撞气：氩气（纯度≥99.999%）；碰撞气压 0.32Pa。

⑬ 数据采集模式：多反应监测模式（MRM）。

⑭ 溶剂延迟：3min。

（2）气相色谱-串联质谱分析定性及定量　分别取 $1\mu L$ 标准工作溶液与样液注入色谱仪进行测定。如果样液中的定量离子对、定性离子对的质量色谱峰与标准工作溶液一致（变化范围在±2.5%之内），则可判断样品中存在 N-亚硝胺或可亚硝化物质，用定量离子对进行外标法定量。样液中被测物的响应值应在标准曲线的线性范围内，超过线性范围则应稀释后再进样分析。

3.2.6　条件优化和方法学验证

3.2.6.1　色谱和质谱条件的优化

（1）色谱柱的优化　本方法选择常用的气相色谱柱，考察其对亚硝胺物质的色谱分离效果，分别考察了 HP-5MS UI（30m×0.25mm×0.25μm）、DB-624（30m×0.25mm×1.4μm）、DB-1701（30m×0.25mm×0.25μm）、HP-INNOWax色谱柱（30m×0.25mm×0.25μm）对 15 种亚硝胺的分离效果，结果表明 DB-624 的分离效果最好，其次是 HP-5MS UI。但 DB-624 色谱柱对沸点较高的目标物响应不好，如 N-亚硝基二环己胺（沸点 340.26℃）、N-亚硝基二苯基胺（沸点 359.13℃）、N-亚硝基二苄基胺（沸点 382.34℃），因此本研究中选择了 HP-5MS UI 柱。

（2）柱温升温速率的优化　本方法涉及的化合物大多为同系物，数目较多，并且存在同分异构体，沸点非常相近，为了获得好的分离效果，需要优化色谱条件，尤其是柱温的升温速率。由于 N-亚硝基二甲基胺和 N-亚硝基甲基乙基胺沸点分别为 153℃ 和 154.4℃，初温过高会影响分离度，因此采用初温 50℃ 保持 3min。同时 N-亚硝基甲基乙基胺响应较低，峰形前伸，因此在其保留时间附近快速升温，50～80℃ 范围内升温速率为 30℃/min，改善其峰形。N-亚硝基-N-甲基苯胺、N-亚硝基吗啉和 N-亚硝基二丙基胺的沸点分别相差 20℃，但分子结构中的官能团影响了它们在色谱柱中的保留行为，三者保留时间几乎相同；为了最大限度地分离这三种物质，采用 80℃保持 7min。超过 80℃以后，HP-5 MS UI 色谱柱对其他物质分离效果均较好，仅为缩短分析时间对升温速率进行一些调整。最终选择的升温程序为：初温 50℃，保持 3min 后以 30℃/min 的速率升至 80℃，保持 7min 后以 20℃/min 的速率升至 130℃，保持 3min 后以 40℃/min 的速率升至 210℃，再以 10℃/min 的速率升至 240℃并保持 5min。

（3）质谱条件的优化　接着筛选母离子、优化碰撞能量等质谱参数，建立 MS/MS 方法，使 15 种亚硝胺物质的母离子与特征碎片离子产生的离子对强度达到最大。质谱接口温度为 250℃；电离方式为 EI$^+$，电离能量为 70eV。需要指出的是，N-亚硝基二苯基胺热稳定性较差，在进样口发生热分解反应，之后分离检测的均为其降解产物二苯胺。

最终得到的各 N-亚硝胺的保留时间、定性及定量离子对见表 3-8。

表 3-8　N-亚硝胺的保留时间、定性及定量离子对

序号	中文名称	保留时间	定量离子对(m/z)（碰撞能量/eV）	定性离子对(m/z)（碰撞能量/eV）
1	N-亚硝基二甲基胺	3.67	74.0＞44.0(3)	74.0＞42.1(10)
2	N-亚硝基甲基乙基胺	4.60	88.1＞71.1(3)	88.1＞57.1(7)
3	N-亚硝基二乙基胺	5.65	102.1＞85.1(3)	102.1＞56.1(11)
4	N-亚硝基二异丙胺	8.62	130.15＞88.13(4)	130.15＞71.1(10)
5	N-亚硝基-N-甲基苯胺	10.51	106.0＞77.0(14)	106.0＞51.1(25)
6	N-亚硝基吗啉	10.70	116.0＞86.1(2)	116.0＞56.1(9)
7	N-亚硝基二丙基胺	10.90	130.15＞113.2(3)	130.15＞71.1(12)
8	N-亚硝基哌啶	12.17	114.0＞84.1(5)	114.0＞97.1(5)
9	N-亚硝基-N-乙基苯胺	12.71	121.1＞106.1(13)	121.1＞77.1(26)
10	N-亚硝基二异丁基胺	13.39	115.1＞84.1(2)	141.1＞85.1(7)
11	N-亚硝基二丁基胺	15.32	116.1＞99.1(2)	158.2＞99.1(9)
12	N-亚硝基二苯基胺	19.38	169.1＞168.2(10)	169.1＞167.2(15)
13	N-亚硝基二环己胺	20.57	129.0＞83.2(7)	210.0＞128.2(7)
14	N-亚硝基二苄基胺	21.27	181.1＞103.1(16)	181.1＞165.2(16)
15	N-亚硝基二异壬胺	21.43	169.2＞99.15(9)	169.2＞113.2(5)

分别取标准工作溶液和样品溶液，在相同实验条件下进行测试。如果样品溶液中待测物质的定性、定量离子对保留时间与标准溶液中对应的保留时

间偏差在±2.5%之内，则可判定为样品中存在对应的待测物。

在优化的实验条件下，15 种 N-亚硝胺的 MRM 总离子流出液色谱图如图 3-7 所示。

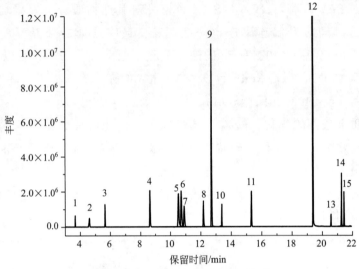

图 3-7　多反应检测模式下的典型色谱图

（色谱峰编号与表 3-8 中序号一致）

3.2.6.2　溶剂效应

二氯甲烷、乙醇、丙酮、正己烷、甲醇常用于配制 N-亚硝胺标准溶液，本标准研究过程中发现 N-亚硝胺对不同溶剂存在溶剂效应。准确移取 200 μL 混合标准储备液于 10mL 棕色容量瓶，分别用二氯甲烷、乙酸乙酯、丙酮、正己烷、甲醇、乙醇定容（$n=3$），配制不同溶剂的 1mg/L 的 N-亚硝胺标准溶液，上机检测。将峰面积最大的溶剂设为 100%，其他溶剂的峰面积与其相比计算相对百分比，如图 3-8 所示。溶剂类型对检测结果的影响如图 3-9 所示。

3.2.6.3　固相萃取条件的优化

（1）固相萃取柱的选择　首先，分别考察了不同类型的固相萃取柱：活性炭柱（Sep-Pak AC-2、ENVI-carb），两性基团柱（Chromabond Easy、Oasis HLB）和 C18 柱（Sep-Pak C18、Orochem C18）对待测 N-亚硝胺的保留效果。在 10mL 空白人工唾液中加入 N-亚硝胺混合物，使其添加浓度为 0.5μg/mL，经固相萃取后，收集柱后流出液，用 10mL 二氯甲烷萃取，萃取液直接上机检测。结果如表 3-9 所列，ENVI-carb、Sep-Pak C18、Orochem C18 和 Oasis HLB 柱的流出液中可直接检测到目标物，即这 4 种固相萃取柱

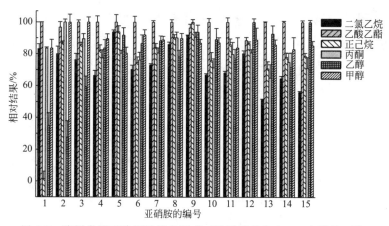

图 3-8 溶剂类型对检测结果的影响（物质编号与表 3-8 中序号一致）

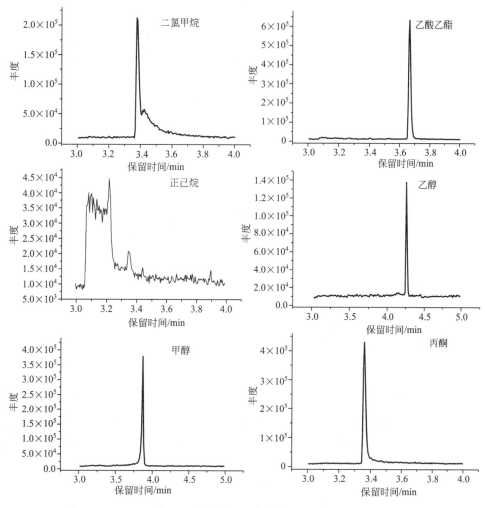

图 3-9 溶剂类型对色谱峰形的影响

对目标物的保留较弱。Chromabond Easy 和 Sep-Pak AC-2 柱后流出液直接检测未检出目标物，将其氮吹浓缩到 1mL 上机检测，Chromabond Easy 检测到极少量分析物，Sep-Pak AC-2 未检出。结果表明，两性基团小柱 Chromabond Easy 和活性炭小柱 Sep-Pak AC-2 对目标分析物的保留能力较强，选择这 2 种固相萃取柱进行进一步的条件优化。

表 3-9　6 种固相萃取柱后流出液中 N-亚硝胺含量　　　单位：μg/kg

物质名称	各固相萃取柱的萃取液直接流出后的峰面积						萃取液浓缩后峰面积	
	ENVI-carb	Sep-Pak C18	Orochem C18	Oasis HLB	Chromabond Easy	Sep-Pak AC-2	Chromabond Easy	Sep-Pak AC-2
NDMA	3316	3958.5	4067.5	1756.5	ND	ND	ND	ND
NMEA	1445	2517	4769	ND	ND	ND	ND	ND
NDEA	ND	ND	4411	ND	ND	ND	343	ND
NDiPA	ND	ND	ND	ND	ND	ND	ND	ND
NMPhA	ND	ND	ND	ND	ND	ND	ND	ND
NMOR	ND	6290	8230	ND	ND	ND	ND	ND
NDPA	ND	ND	ND	ND	ND	ND	ND	ND
NPIP	ND	ND	ND	ND	ND	ND	ND	ND
NEPhA	ND	ND	ND	ND	ND	ND	ND	ND
NDiBA	ND	ND	ND	ND	ND	ND	ND	ND
NDBA	ND	ND	ND	ND	ND	ND	ND	ND
NDPhA	ND	ND	ND	ND	ND	ND	ND	ND
NDCHA	ND	ND	ND	ND	ND	ND	ND	ND
NDBzA	ND	ND	ND	ND	ND	ND	ND	ND
NDiNA	ND	ND	ND	ND	ND	ND	ND	ND

注："ND" 表示未检出。

（2）洗脱条件的优化　根据上述固相萃取柱优化结果，对 Sep-Pak AC-2 和 Chromabond Easy 固相萃取柱的洗脱条件进行了优化。在 40mL 空白人工唾液中加入 N-亚硝胺混合物，使其添加浓度为 25μg/L，用上述固相萃取柱富集后分别用 12mL（分四次洗脱，每次 3mL）二氯甲烷、乙酸乙酯、正己烷、丙酮、乙醇、甲醇进行洗脱，收集洗脱液，氮吹到 1mL，过 0.45μm 滤膜上机检测。6 种洗脱溶剂的回收率分别以相应溶剂配制的标准溶液计算，回收率及相对标准偏差分别见表 3-10 和表 3-11。

表 3-10　6 种溶剂对 Sep-Pak AC-2 固相萃取柱的洗脱回收率（$n=3$）

物质名称	回收率/%（RSD/%）					
	二氯甲烷	乙酸乙酯	正己烷	丙酮	乙醇	甲醇
NDMA	77.8(3.2)	77.4(4.7)	ND	ND	58.9(7.5)	ND
NMEA	95.9(7.3)	96.8(7.3)	ND	87.9(3.3)	57.5(2.1)	24.6(73.3)
NDEA	100.5(6.2)	100.6(6.3)	2.4(21.8)	84.7(2.0)	67.8(0.7)	29.0(33.6)
NDiPA	93.8(1.4)	107.5(7.7)	8.4(7.8)	109.8(0.5)	83.2(1.4)	58.4(6.9)
NMPhA	12.4(2.1)	ND	ND	ND	ND	ND
NMOR	96.5(1.4)	100.5(3.4)	ND	ND	97.4(1.5)	54.6(2.3)
NDPA	92.4(5.5)	106.5(4.3)	ND	114.4(0.1)	84.1(6.6)	68.0(6.2)
NPIP	96.2(4.6)	113.2(1.0)	ND	112.9(0.1)	90.4(5.1)	212.5(90.5)
NEPhA	88.1(8.0)	ND	ND	ND	ND	ND
NDiBA	94.9(2.1)	109.4(2.4)	25.3(9.1)	136.8(0.2)	76.9(3.4)	36.6(10.8)
NDBA	96.3(7.7)	117.7(3.8)	3.2(22.0)	146.8(1.7)	43.8(1.1)	1.4(35.0)
NDPhA	78.6(13.6)	1.1(31.1)	1.7(12.4)	0.4(10.0)	1.0(15.1)	0.9(4.1)
NDCHA	109.8(9.6)	109.8(1.0)	ND	126.5(3.9)	ND	ND
NDBzA	77.9(8.2)	ND	ND	ND	ND	ND
NDiNA	75.6(9.5)	39.8(11.4)	10.4(17.7)	20.0(1.1)	1.5(6.9)	ND

注：“ND”表示未检出。

表 3-11　6 种溶剂对 Chromabond Easy 固相萃取柱的洗脱回收率（$n=3$）

物质名称	回收率/%（RSD/%）					
	二氯甲烷	乙酸乙酯	正己烷	丙酮	乙醇	甲醇
NDMA	57.1(7.3)	47.1(0.6)	ND	ND	23.3(43.6)	ND
NMEA	120.5(6.1)	90.9(7.7)	9.3(9.2)	ND	39.5(38.6)	ND
NDEA	123.3(0.9)	95.7(6.6)	28.9(19.3)	ND	67.4(2.4)	ND
NDiPA	101.8(7.2)	96.8(6.4)	51.0(8.1)	59.3(1.9)	80.4(6.7)	18.1(59.4)
NMPhA	109.3(12.7)	101.9(2.6)	43.8(21.2)	67.6(2.6)	105.1(1.9)	44.3(55.3)
NMOR	96.0(12.4)	96.5(6.4)	6.2(41.3)	14.7(4.8)	94.0(5.2)	31.3(19.9)
NDPA	99.0(8.1)	96.1(3.6)	46.2(5.6)	59.7(7.8)	83.2(4.9)	19.3(68.8)
NPIP	106.9(5.4)	101.7(9.0)	26.6(32.8)	20.0(2.9)	89.5(7.3)	26.6(55.8)
NEPhA	118.3(5.1)	104.4(5.0)	36.1(117.4)	56.4(8.1)	95.8(5.5)	63.3(59.3)
NDiBA	90.3(16.7)	95.1(4.6)	72.8(5.4)	79.0(7.4)	85.7(4.7)	48.6(25.7)

续表

物质名称	回收率/%（RSD/%）					
	二氯甲烷	乙酸乙酯	正己烷	丙酮	乙醇	甲醇
NDBA	107.7(8.5)	103.2(8.5)	66.2(2.9)	67.4(6.0)	88.5(7.8)	41.1(44.7)
NDPhA	114.2(13.9)	109.7(5.1)	53.8(9.3)	69.7(12.2)	69.7(7.9)	82.7(35.9)
NDCHA	90.6(25.8)	102.2(6.5)	51.9(3.6)	117.5(5.6)	102.1(3.5)	87.7(32.4)
NDBzA	107.7(20.1)	102.6(5.8)	24.9(27.4)	84.9(9.8)	39.4(2.6)	47.3(32.5)
NDiNA	59.7(3.4)	54.4(6.4)	53.7(17.9)	56.6(12.6)	37.7(4.8)	44.8(11.9)

注："ND"表示未检出。

采用活性炭小柱 Sep-Pak AC-2 富集目标物质时，某些 N-亚硝胺很难被洗脱下来。芳香族亚硝胺，如 NMPhA、NEPhA、NDPhA 和 NDBzA 的回收率普遍不高；尤其是乙酸乙酯、正己烷、丙酮、乙醇和甲醇对这些物质几乎不具备洗脱能力；二氯甲烷的洗脱能力相对较强，但对于 NMPhA 的回收率只有 12.4%。而 Chromabond Easy 柱的表现明显更加优秀。对于 Chromabond Easy 柱，以二氯甲烷和乙酸乙酯作为洗脱溶剂，洗脱效果较好。因此我们选择 Chromabond Easy 进行后续条件的优化。另外，由于乙酸乙酯比二氯甲烷对 N-亚硝胺的响应更好，有利于提高方法灵敏度，因此综合考虑选择乙酸乙酯作为洗脱溶剂。

然后，我们对乙酸乙酯作为洗脱溶剂时的洗脱体积进行了优化：在 40mL 空白人工唾液中加入 N-亚硝胺混合物，使其添加浓度为 $25\mu g/L$，用 Chromabond Easy 进行富集。上样完成后，抽干 10min；分别用 3mL、6mL、9mL、12mL、15mL 乙酸乙酯进行洗脱（$n=3$），收集洗脱液，氮吹到 1mL，测定回收率。结果当洗脱体积为 6mL 时，回收率基本达到稳定，因此选择 6mL 作为洗脱体积。

以往的文献曾报道过采用活性炭材料或吸附树脂对 N-亚硝胺进行富集再分析，本标准研究过程发现活性炭材料对 N-亚硝胺保留作用太强导致洗脱困难，并筛选具有两性基团的 Chromabond Easy 固相萃取柱作为富集材料。本方法对 15 种 N-亚硝胺的富集效果较好，除 NDMA 的回收率不高，约为 50%，这可能是由于该物质的水溶性及挥发性较强导致的；其他 14 种 N-亚硝胺的回收率可达 80%～110%。

3.2.6.4　线性关系

配制一系列浓度分别为 0.01mg/L、0.02mg/L、0.05mg/L、0.1mg/L、0.2mg/L、0.5mg/L、1.0mg/L 和 2.0mg/L 的标准工作溶液，在选定的色谱

及质谱条件下进行测定，15 种挥发性 *N*-亚硝胺的线性方程、线性范围和相关系数见表 3-12。将 0.2mg/L 的混合标准品连续进 6 针，以峰面积计算标准曲线的相对标准偏差，结果如表 3-12 所列。亚硝胺标准品在 0.01～2mg/L 浓度范围内，GC-MS/MS 标准工作曲线的相关系数均大于 0.998，所有物质的浓度与响应值均呈良好线性关系。

表 3-12 15 种挥发性 *N*-亚硝胺的线性方程、线性范围和相关系数

序号	物质名称	线性方程	线性范围 /(mg/L)	相关系数	RSD/%
1	NDMA	$Y=9531X+347.2$	0.1～2	0.999	9.6
2	NMEA	$Y=39083X+765.6$	0.1～2	0.998	9.2
3	NDEA	$Y=46204X+499.8$	0.05～1	0.999	4.4
4	NDiPA	$Y=56040X+543.8$	0.05～1	0.999	5.0
5	NMPhA	$Y=25615X+2583$	0.05～1	0.999	2.8
6	NMOR	$Y=10285X-209.1$	0.05～1	0.999	7.9
7	NDPA	$Y=26998X+250.1$	0.1～2	0.998	10.2
8	NPIP	$Y=56692X-987.4$	0.05～1	0.999	5.6
9	NEPhA	$Y=49801X+1409$	0.01～1	0.999	2.5
10	NDiBA	$Y=22788X+147.8$	0.05～1	0.999	7.1
11	NDBA	$Y=39352X-1075$	0.1～2	0.999	7.8
12	NDPhA	$Y=1000000X-2542$	0.01～1	0.999	1.3
13	NDCHA	$Y=13700X-393.1$	0.1～2	0.999	3.0
14	NDBzA	$Y=21544X-375.1$	0.05～1	0.998	12.4
15	NDiNA	$Y=39883X-645.8$	0.05～1	0.999	9.8

3.2.6.5 检测低限定量限

（1）仪器检测限和定量限 配制不同浓度的亚硝胺标准溶液，按照优化条件进样分析，以 S/N 为 3 确定仪器检测限，以 S/N 为 10 确定仪器定量限，结果如表 3-13 所列。

表 3-13 15 种 *N*-亚硝胺的仪器检测限和定量限实验结果

序号	物质名称	仪器检测限/(mg/L)	仪器定量限/(mg/L)
1	NDMA	0.04	0.08
2	NMEA	0.04	0.12
3	NDEA	0.01	0.04
4	NDiPA	0.01	0.04
5	NMPhA	0.01	0.04

续表

序号	物质名称	仪器检测限/(mg/L)	仪器定量限/(mg/L)
6	NMOR	0.01	0.04
7	NDPA	0.05	0.12
8	NPIP	0.01	0.04
9	NEPhA	0.002	0.008
10	NDiBA	0.01	0.04
11	NDBA	0.02	0.08
12	NDPhA	0.002	0.008
13	NDCHA	0.05	0.12
14	NDBzA	0.02	0.04
15	NDiNA	0.02	0.04

（2）方法定量限　在实际操作中，称取 5g 样品进行迁移提取，最终提取液为 50mL，移取 40mL 用于 N-亚硝胺的检测，以 S/N 为 3 确定方法检测限，以 S/N 为 10 确定方法定量限，样品中各标准品的检测限和定量限如表 3-14 所列。

表 3-14　15 种 N-亚硝胺的方法检测限和定量限实验结果

序号	物质名称	方法检测限/(μg/kg)	方法定量限/(μg/kg)
1	NDMA	10	20
2	NMEA	10	30
3	NDEA	2.5	10
4	NDiPA	2.5	10
5	NMPhA	2.5	10
6	NMOR	2.5	10
7	NDPA	12.5	30
8	NPIP	2.5	10
9	NEPhA	0.5	2
10	NDiBA	2.5	10
11	NDBA	5	20
12	NDPhA	0.5	2
13	NDCHA	12.5	30

续表

序号	物质名称	方法检测限/(μg/kg)	方法定量限/(μg/kg)
14	NDBzA	5	10
15	NDiNA	5	10

3.2.6.6　方法的精密度

选择了 3 种具有代表性的乳胶玩具样品进行测试，每个样品单独测定 6 次，精密度实验结果列于表 3-15 和表 3-16 中。

表 3-15　实际样品中 N-亚硝胺含量测试的精密度试验结果

样品	亚硝胺	测试结果/(μg/kg)						平均值/(μg/kg)	RSD/%
		1	2	3	4	5	6		
1 号	未检出								
2 号	未检出								
3 号	NDEA	17.6	14.8	16.8	20.2	16.5	21.2	17.8	13.7
	NEPhA	30.0	45.7	42.6	43.3	41.5	43.0	41.0	13.6
	NDiBA	37.7	36.7	28.5	30.1	35.1	29.8	32.9	12.0

表 3-16　实际样品中可亚硝化物质含量测试的精密度试验结果

样品	亚硝胺	测试结果/(μg/kg)						平均值/(μg/kg)	RSD/%
		1	2	3	4	5	6		
1 号	未检出								
2 号	NDMA	72.6	62.7	73.7	70.8	61.2	87.1	71.4	13.0
	NDiNA	73.4	84.4	63.7	86.1	62.6	64.8	72.5	14.6
3 号	NDMA	262.7	264.0	309.1	284.9	208.5	214.6	257.3	15.3
	NDEA	5308.9	5669.1	5215.4	4755.0	4886.5	4751.2	5097.7	7.2
	NEPhA	30.2	28.9	29.2	31.9	22.8	26.0	28.2	11.5
	NDBA	96.1	95.5	124.0	102.1	75.4	111.2	100.7	16.3

3.2.6.7　方法的回收率

选取市售乳胶儿童用品，经前处理后分别进行检测，最终选取一种基质较为干净的气球作为气球类玩具样品的加标回收样品，一种基质最为干净且不含待测物的婴儿奶嘴作为非气球类弹性体玩具样品的加标回收样品。在加标回收样品的迁移溶液中添加不同水平的 N-亚硝胺混合物，按上述优化的方法进行回收率测定，回收率和精密度结果列于表 3-17 和表 3-18 中。

表 3-17　气球类玩具样品中 15 种 N-亚硝胺的回收率测定结果

物质名称	添加水平/(μg/kg)	回收率/% (日内相对标准偏差/%，n=6)	日间相对标准偏差/%（n=7）（50μg/kg）	物质名称	添加水平/(μg/kg)	回收率/% (日内相对标准偏差/%，n=6)	日间相对标准偏差/%（n=7）（50μg/kg）
NDMA	20	53.3(7.2)	3.6	NEPhA	2	110.2(10.4)	5.7
	100	55.3(8.3)			10	90.1(8.8)	
	200	52.4(6.3)			50	88.2(9.6)	
NMEA	30	85.5(8.6)	6.3	NDiBA	10	88.5(5.4)	4.3
	100	87.2(8.5)			50	91.4(6.4)	
	200	80.0(6.3)			200	91.6(8.5)	
NDEA	10	97.4(8.2)	5.6	NDBA	20	110.3(6.9)	6.4
	50	86.3(5.8)			100	105.5(6.8)	
	200	90.6(6.8)			200	103.3(8.8)	
NDiPA	10	107.1(9.7)	7.4	NDPhA	2	94.8(6.2)	6.2
	50	91.9(4.6)			10	98.5(3.7)	
	200	91.3(4.9)			50	97.5(6.7)	
NMPhA	10	103.4(6.6)	2.3	NDCHA	30	98.5(6.4)	5.2
	50	100.5(4.7)			100	103.2(6.9)	
	200	99.3(7.3)			200	104.0(7.6)	
NMOR	10	90.1(7.9)	4.2	NDBzA	10	109.8(8.9)	4.3
	50	101.1(5.7)			50	105.3(7.1)	
	200	90.3(5.8)			200	108.9(7.2)	
NDPA	30	83.5(4.9)	5.9	NDiNA	10	109.3(6.8)	3.8
	100	90.5(6.0)			50	107.0(7.1)	
	200	87.4(5.9)			200	108.0(6.7)	
NPIP	10	85.8(6.3)	4.6				
	50	95.7(5.4)					
	200	87.4(6.9)					

表 3-18　非气球类弹性体玩具样品中 15 种 N-亚硝胺的回收率测定结果

物质名称	添加水平/(μg/kg)	回收率/% (日内相对标准偏差/%，n=6)	日间相对标准偏差/%（n=7）（50μg/kg）
NDMA	20	53.8(5.2)	5.4
	100	52.7(3.3)	
	200	49.5(7.8)	

续表

物质名称	添加水平/(μg/kg)	回收率/% (日内相对标准偏差/%,$n=6$)	日间相对标准偏差/%($n=7$) (50μg/kg)
NMEA	30	80.1(4.9)	2.3
	100	87.3(4.4)	
	200	82.6(5.3)	
NDEA	10	87.5(5.7)	2.3
	50	87.7(2.1)	
	200	93.5(5.6)	
NDiPA	10	89.5(5.2)	4.6
	50	94.3(2.3)	
	200	94.6(5.3)	
NMPhA	10	83.5(8.0)	1.6
	50	100.5(1.7)	
	200	97.8(1.3)	
NMOR	10	99.7(8.3)	2.4
	50	94.9(2.3)	
	200	97.9(3.5)	
NDPA	30	98.6(5.9)	5.9
	100	96.1(6.9)	
	200	88.5(4.7)	
NPIP	10	99.7(4.9)	7.6
	50	94.1(2.2)	
	200	100.1(5.9)	
NEPhA	2	107.2(8.2)	5.1
	10	99.4(1.2)	
	50	94.5(1.4)	
NDiBA	10	92.8(7.4)	2.0
	50	93.3(1.8)	
	200	98.4(3.7)	
NDBA	20	101.3(2.8)	3.2
	100	100.3(4.0)	
	200	92.7(4.8)	
NDPhA	2	100.4(4.5)	6.2
	10	99.1(3.5)	
	50	91.5(2.7)	

续表

物质名称	添加水平/(μg/kg)	回收率/% (日内相对标准偏差/%,n=6)	日间相对标准偏差/%(n=7) (50μg/kg)
NDCHA	30	99.2(3.5)	4.9
NDCHA	100	90.5(14.0)	4.9
NDCHA	200	92.1(7.7)	4.9
NDBzA	10	109.2(6.9)	3.3
NDBzA	50	105.1(4.0)	3.3
NDBzA	200	102.9(8.7)	3.3
NDiNA	10	80.5(4.4)	4.5
NDiNA	50	80.3(11.3)	4.5
NDiNA	200	82.4(4.7)	4.5

3.2.7　实际样品检测

应用本研究建立的方法对 17 件实际乳胶儿童用品进行分析（其中奶嘴 10 件，气球 7 件）。检测结果列于表 3-19 中，由表 3-19 可见，10 件奶嘴样品中，有 4 件检出 N-亚硝胺，其中 3 件含量超过 0.05mg/kg 的限量要求，1 件略低于 0.05mg/kg 的限量要求；6 件未检出。此外，有 2 件检出 N-亚硝胺前体物，含量低于 1mg/kg 的限量要求，8 件未检出。分析的 7 件气球样品均检出 N-亚硝胺，并且含量远超过 0.05mg/kg 的限量要求；此外，7 件气球样品均检出 N-亚硝胺前体物，其中有 5 件超过 1mg/kg 的限量要求，2 件低于 1mg/kg 的限量要求。由表 3-19 还可看出，NDMA、NDEA、NEPhA、NDiBA 和 NMOR 是乳胶儿童用品中存在较多的亚硝胺类物质。需要注意的是，气球中亚硝胺检出情况较为严重，致癌性最强的 NDMA 和 NDEA 在气球样品中普遍被检出。

表 3-19　实际乳胶儿童用品中 N-亚硝胺及 N-亚硝胺前体物的迁移量

样品	亚硝胺迁移量/(mg/kg)			可亚硝化物质迁移量/(mg/kg)		
	物质名称	单一量	总迁移量	物质名称	单一量	总迁移量
奶嘴 1#	ND	ND	ND	NDEA	0.0300	0.0300
奶嘴 2#	ND	ND	ND	NDEA	0.0264	0.0264
奶嘴 3#	ND	ND	ND	ND	ND	ND
奶嘴 4#	NDMA	0.0528	0.0528	ND	ND	ND
奶嘴 5#	NMOR	0.0758	0.0758	ND	ND	ND

续表

样品	亚硝胺迁移量/(mg/kg)			可亚硝化物质迁移量/(mg/kg)		
	物质名称	单一量	总迁移量	物质名称	单一量	总迁移量
奶嘴 6#	ND	ND	ND	ND	ND	ND
奶嘴 7#	NDMA	0.0499	0.0499	ND	ND	ND
奶嘴 8#	NEPhA	0.126	0.126	ND	ND	ND
奶嘴 9#	ND	ND	ND	ND	ND	ND
奶嘴 10#	ND	ND	ND	ND	ND	ND
气球 1#	NDMA	0.908	0.08	NDMA	0.187	3.15
	NDEA	0.890		NDEA	2.96	
	NDiBA	0.0794				
气球 2#	NDMA	0.200	1.08	NDMA	1.18	1.56
	NEPhA	0.871		NDEA	0.164	
				NEPhA	0.220	
气球 3#	NDMA	0.152	41.2	NDMA	0.353	12.5
	NDEA	0.528		NDEA	0.269	
	NEPhA	40.9		NEPhA	11.7	
	NDiBA	0.0813				
气球 4#	NDMA	0.220	1.88	NDMA	0.635	0.989
	NEPhA	1.63		NDEA	0.269	
	NDiBA	0.0277		NEPhA	0.0846	
气球 5#	NDMA	0.557	0.901	NDMA	0.993	1.04
	NMOR	0.186		NMOR	0.0511	
	NEPhA	0.158				
气球 6#	NDMA	0.353	0.526	NDMA	0.362	1.06
	NDEA	0.0368		NDEA	0.691	
	NEPhA	0.164		NDiBA	0.0108	
	NDiBA	0.0308				
气球 7#	NDMA	0.0749	0.515	NDMA	0.187	0.187
	NDEA	0.101				
	NEPhA	0.227				
	NDiBA	0.112				

注："ND"表示未检出。

参 考 文 献

[1] 张慧珠．内分泌干扰物生物检测研究进展．环境科学导刊，2014，33：8-15.

[2] 马莉，史乾涛，袁小英等．内分泌干扰物对鲤鱼器官中离子平衡的影响．环境化学，2014，33（30）：381-385.

[3] 王国华，云霞，那广水等．海洋生物组织中酚类内分泌干扰物分析方法的建立与应用．海洋环境科学，2014，33（1）：89-98.

[4] 朱毅，舒为群，田怀军等．辛基酚体外类雌激素效应观察．第三军医大学学报，2003，25（8）：673-375.

[5] 肖晶．双酚 A 和烷基酚的检测与暴露评估．北京：中国疾病预防控制中心，2008.

[6] Registration，Evaluation，Authorization and Restriction of Chemicals.

[7] Directive 2009/48 / EC of European Parliament on the Safety of toy.

[8] Directive 2000 /60 /EC of the European Parliament and of the Council of 23 October 2000 Establishing a Framework for Community Action in the Field of Water Policy.

[9] 肖晶，邵兵，吴永宁．HPLC-FL 法检测尿液中类雌激素双酚 A 和烷基酚．中国食品卫生杂志，2008，20（2）：111-114.

[10] 徐靖，刘娟，金江岚．分子印迹基质固相分散-超高效液相色谱法测定儿童玩具中双酚 A．理化检验-化学分册，2011，47：665-671.

[11] Babay P A，Gettar R T，Silva M F，et al. Separation of nonylpenol ethoxylates and nonylpenol by non-aqueous capillary electrophoresis. J. Chromatogr. A，2006，1116（12）：277-285.

[12] 吴婷妮．毛细管电泳技术在中药酚类活性成分分中的应用研究．合肥：安徽医科大学，2012.

[13] 邵敏，董锁拽，王敏．红外光谱对纺织助剂中烷基酚聚氧乙烯醚的快速定性和定量．纺织学报，2014，35（6）：80-84.

[14] 高永刚，张艳艳，高建国等．衍生化气相色谱-质谱法测定玩具和食品接触材料中双酚 A．色谱，2012，30（10）：1017-1020.

[15] 张岩，马晓斐，吕品等．液相色谱-串联质谱法测定小型家用电器塑料部件中双酚 A．色谱，2012，30（1）：95-98.

[16] 俞雪钧，谷云云，冯睿等．高效液相色谱串联质谱法同时测定海产品中双酚 A 及烷基酚残留．华中农业大学学报，2014，33（3）：52-59.

[17] Lv Q，Zhang Q，Li W T，et al. Determination of 48 fragrance allergens in toys using GC with ion trap MS/MS. J. Separation Science，2013，36（21）：3534-3549.

[18] 李金玲，黄理纳，刘华萧等．液相色谱-串联质谱联用法测定玩具材料中的双酚 A．广东化工，2013，40（12）：172-173.

[19] 马强，席海为，王超等．气相色谱-串联质谱法同时测定化妆品中的 10 种挥发性亚硝胺．分析化学，2011，39（8）：1201-1207.

[20] Havery D C，Fazio T. Estimation of volatile N-nitrosamines in rubber nipples for babies'bottles. Food Chem. Toxicol.，1982，20（6）：939-944.

[21] Gloria M B. Levels of volatile N-nitrosamines in baby bottle rubber nipples commercialized in BeloHori-aonte，Mina Gerais，Brazil. B Environ. Contam. Tox.，1991，47（1）：120-125.

[22] Sen N P，Kushwaha S C，Seaman S W，et al. Nitrosamines in baby bottle nipples and pacifiers：Occurrence，migration，and effect of infant formulas and fruit juices on in vitro formation of nitrosamines under simulated gastric conditions. Agric. Food Chem，1985，33（3）：428-433.

[23] Inspectorate for health protection and veterinary public health. Migration of nitrosamines andnitrosatable substances from balloons：Report ND1TOY01/01. 2002.

[24] Altkofer W，Braune S，Ellendt K，et al. Migration of nitrosamines from rubber products are balloons and condoms harmful to the human health?．Mol. Nutr. Food Res.，2005，49（3）：235-238.

[25] 幸苑娜，倪宏刚，王欣等. 气相色谱-正化学源质谱法测定橡胶中 N-亚硝胺及其前体物的迁移量. 分析化学，2011，39（7）：1065-1070.

[26] Fiddler W，Pensabene J，Sphon J，et al. Nitrosamines in rubber bands used for orthodontic purposes. Food Chem. Toxicol.，1992，30（4）：325-326.

[27] EN 71-12：2013，Safety of toys-Part 12：N-nitrosamines and N-nitrosatable substances.

[28] EN 12868：1999，Child Use and Care Articles-Methods for Determining the Release of N-nitrosamines and N-nitrosatable Substances from Elastomer or Rubber Teats and Soother.

[29] ASTM F1313-90：2011，Standard Specification for Volatile N-Nitrosamine Levels in Rubber Nipples on Pacifiers.

[30] ISO 29941：2010，Condoms-Determination of nitrosamines migrating from natural rubber latex condoms.

[31] Feng D，Liu L，Zhao L Y，et al. Determination of volatile nitrosamines in latex products by HS-SPME-GC-MS. Chromatographia，2011，74（11）：817-825.

[32] 赵华，王秀元，王萍亚等. 气相色谱-质谱联用法测定腌制水产品中的挥发性 N-亚硝胺类化合物. 色谱，2013，31（3）：223-227.

[33] 幸苑娜，王欣，陈泽勇等. 气球中 N-亚硝胺及其前体物迁移量的测定与 NDMA 的儿童致癌暴露风险分析. 分析测试学报，2012，31（7）：779-784.

[34] McDonald J A，Harden N B，Nghiem L D，et al. Analysis of N-nitrosamines in water by isotope dilution gas chromatography-electron ionisation tandem mass spectrometry. Talanta，2012，99：146-154.

[35] Pozzi R，Bocchini P，Pinelli F，et al. Determination of nitrosamines in water by gas chromatography/chemical ionization/selective ion trapping mass spectrometry. J. Chromatogr. A，2011，1218（14）：1808-1814.

[36] EPA/600/R-05/054. Method 521：Determination of Nitrosamines in Drinking Water by Solid Phase Extraction and Capillary Column Gas Chromatography with Large Volume Injection and Chemical Ionization Tandem Mass Spectrometry.

[37] Yoon S，Nakada N，Tanaka H. A new method for quantifying N-nitrosamines in wastewater samples by gas chromatography-triple quadrupole mass spectrometry. Talanta，2012，97：256-261.

[38] Kodamatani H，Yamazaki S，Saito K，et al. Highly sensitive method for determination of N-nitrosamines using high-performance liquid chromatography with online UV irradiation and luminol chemiluminescence detection. J. Chromatogr. A，2009，1216（1）：92-98.

[39] ISO 15819：2008，Cosmetics-Analytical methods-Nitrosamines：Detection and determination of N-nitrosodiethanolamine（NDELA）in cosmetics by HPLC-MS-MS.

[40] Wang W F，Ren S Y，Zhang H F，et al. Occurrence of nine nitrosamines and secondary amines in source water and drinking water：Potential of secondary amines as nitrosamine precursors. Water Research，2011，45 (16)：4930-4938.

[41] Planas C，Palacios O，Ventura F，et al. Analysis of nitrosamines in water by automated SPE and isotope dilution GC/HRMS. Talanta，2008，76 (4)：906-913.

[42] Cheng R C，Hwang C J，Andrews T C，et al. Alternative methods for the analysis of NDMA and other nitrosamines in water. American Water Works Association，2006，98 (12)：82-96.

4

儿童用品中初级芳香胺检测

4.1 初级芳香胺总量的测定——热解吸法

4.1.1 方法提要

本方法适用于纺织品材质的儿童用品中邻甲苯胺、邻氨基苯甲醚、对氯苯胺、2-甲氧基-5-甲基苯胺、2,4,5-三甲基苯胺、4-氯邻甲苯胺、2,4-二氨基甲苯、2,4-二氨基苯甲醚、2-萘胺、2-氨基-4-硝基甲苯、4-氨基联苯、4-氨基偶氮苯、4,4'-二氨基二苯醚、4,4'-二氨基二苯甲烷、联苯胺、邻氨基偶氮甲苯、3,3'-二甲基-4,4'-二氨基二苯甲烷、3,3'-二甲基联苯胺、4,4'-亚甲基-二-(2-氯苯胺)、3,3'-二氯联苯胺、3,3'-二甲氧基联苯胺共 21 种分解自偶氮染料的致癌初级芳香化合物的测定。

方法的基本原理是：将样品中的偶氮染料通过还原反应分解成初级芳香胺，然后采用固态吸附剂捕获初级芳香胺，然后直接热解吸后进入气相色谱质谱联用仪中进行分离测定，采用外标法定量。方法对于上述 21 种初级芳香胺的定量限在 0.1~3mg/kg，回收率均大于 70%。该方法最大的特点在于大大减少了实验过程中有机试剂的用量，传统的基于固相萃取的方法检测一个样品需要使用 70~80mL 有机溶剂，而本方法只需要使用 2mL 有机溶剂，因此可以说是一种绿色环保的分析方法。

方法原理如图 4-1 所示。

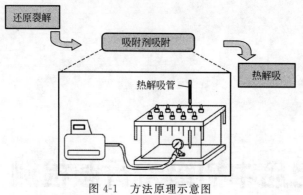

图 4-1　方法原理示意图

4.1.2　待测物质基本信息

见表 4-1。

表 4-1　待测物质基本信息

中文名称	CAS 号	分子式	相对分子质量	结构式
邻甲苯胺	95-53-4	C_7H_9N	107.15	
邻氨基苯甲醚	90-04-0	C_7H_9NO	123.15	
对氯苯胺	106-47-8	C_6H_6ClN	127.57	
2-甲氧基-5-甲基苯胺	120-71-8	$C_8H_{11}NO$	137.18	
2,4,5-三甲基苯胺	137-17-7	$C_9H_{13}N$	135.21	
4-氯邻甲苯胺	95-69-2	C_7H_8ClN	141.6	

中文名称	CAS 号	分子式	相对分子质量	结构式
2,4-二氨基甲苯	95-80-7	$C_7H_{10}N_2$	122.17	
2,4-二氨基苯甲醚	615-05-4	$C_7H_{10}N_2O$	138.17	
2-萘胺	91-59-8	$C_{10}H_9N$	143.19	
2-氨基-4-硝基甲苯	99-55-8	$C_7H_8N_2O_2$	152.15	
4-氨基联苯	92-67-1	$C_{12}H_{11}N$	169.22	
4-氨基偶氮苯	60-09-3	$C_{12}H_{11}N_3$	197.24	
4,4'-二氨基二苯醚	101-80-4	$C_{12}H_{12}N_2O$	200.24	
4,4'-二氨基二苯甲烷	101-77-9	$C_{13}H_{14}N_2$	198.26	
联苯胺	92-87-5	$C_{12}H_{12}N_2$	184.24	
邻氨基偶氮甲苯	97-56-3	$C_{14}H_{15}N_3$	225.29	

续表

中文名称	CAS 号	分子式	相对分子质量	结构式
3,3′-二甲基-4,4′-二氨基二苯甲烷	838-88-0	$C_{15}H_{18}N_2$	226.32	
3,3′-二甲基联苯胺	119-93-7	$C_{14}H_{16}N_2$	212.29	
4,4′-亚甲基-二-(2-氯苯胺)	101-14-4	$C_{13}H_{12}Cl_2N_2$	267.15	
3,3′-二氯联苯胺	91-94-1	$C_{12}H_{10}Cl_2N_2$	253.13	
3,3′-二甲氧基联苯胺	119-90-4	$C_{14}H_{16}N_2O_2$	244.29	

4.1.3　国内外检测方法进展及对比

　　芳香胺是包括苯胺及其衍生物在内的一类物质，其中的很多物质被证明有毒性和致癌性，会对人体和环境造成不良的影响。偶氮染料是芳香胺的一个重要来源，被广泛地用于纺织品、皮革和塑料制品的染色。为了预防偶氮染料对环境以及消费者的危害，我国及欧盟标准中均明令禁止使用能够分解出有害芳香胺的偶氮染料。目前研究者已经建立了一些偶氮染料的分析方法，这些方法可以概括成三个步骤：①偶氮染料的还原（通常在水溶液中进行）；②还原反应后释放出的芳香胺的提取；③提取出的芳香胺的分离检测。由于芳香胺的水溶性较高，从水溶液中提取比较困难，因而芳香胺的提取过程对于随后的分离检测十分重要。在芳香胺的提取方法中，液液萃取和固相萃取是最普遍的方法。而为了减少样品以及有机试剂的用量，研究者还采用了固相微萃取和液相微萃取等方法。然而这些方法存在着回收率低、操作烦琐等不足，需要进一步地完善和改进。

4.1.4　仪器与试剂

Agilent 6890 气相色谱/5975 质谱联用仪、Unity 热解吸仪、TC-20 吸附管老化净化仪、真空抽滤装置。Tenax-TA 填料（60～80 目）。取 150mg 填入玻璃吸附管（长 89mm，直径 6mm），两端用玻璃棉封口，新制备的 Tenax 吸附管在使用前需在 N_2 气流下高温（325℃）老化至无杂峰。

实验中所使用的芳香胺标准品纯度均大于 95％；甲醇为色谱纯，实验用水为经 Milli-Q 净化系统过滤的去离子水；氮气、氦气（纯度＞99.999％）；实验中所使用的其他试剂均为分析纯。

标准储备溶液：将芳香胺标准品溶于甲醇配制成 100mg/L 标准储备液，置于冰箱中 4℃避光保存，可保存 1 个月。

标准工作溶液：使用时根据需要用甲醇将标准储备溶液稀释成适当浓度的标准工作溶液。

4.1.5　分析步骤

取有代表性的塑料样品，粉碎成粒度小于 1mm 的颗粒，混合均匀，然后从中称取 1.0g（精确至 0.01g）置于比色管中，加入 16mL 预热到 70℃的柠檬酸盐缓冲溶液（0.06mol/L，pH＝6.0），将反应器密闭，使所有试样浸入溶液中，在 70℃水浴中放置 30min。然后打开反应器，加入 3.0mL 连二亚硫酸钠溶液（200mg/mL），并立即密封振摇，于 70℃水浴中放置 30min，取出后迅速冷却至室温，经 $0.45\mu m$ 微孔滤膜过滤收集。

将吸附管依次用 2mL 甲醇和 2mL 去离子水活化，然后加入 $200\mu L$ 经过微孔滤膜过滤的滤液，控制滤液以 $100\mu L/min$ 的速度流过吸附管。再加入 1mL 去离子水洗去无机盐等杂质。最后于 50℃下使用 N_2 流将吸附管吹干后立即进行测定。

用微量注射器吸取一定体积的标准工作溶液（为减小误差，一般选择微量注射器的最大吸取体积）加入吸附管，用 N_2 吹 5min，然后在上述条件下进行测定并绘制标准曲线。

仪器条件如下。

① 色谱柱：Agilent HP-5（30m×0.25mm×$0.25\mu m$）。

② 程序升温：100℃保持 1min，然后以 8℃/min 升至 200℃，再以 10℃/min 升至 230℃，再以 2℃/min 升至 250min，保持 8min，最后以 280℃尾吹 3min。

③ 载气流速：1mL/min。

④ EI电离方式；电子能量：70eV；离子源温度：230℃。

⑤ 全扫模式定性（m/z：50～350），选择离子模式定量。

⑥ 一级解吸：300℃，30min。

⑦ 冷阱捕集温度：5℃；冷阱解吸：360℃，20min。

⑧ 冷阱类型：通用型石墨冷阱。

⑨ 流路温度：140℃。

⑩ 解吸流量：50mL/min；总分流比：40∶1。

上述条件下各物质的保留时间如表4-2所列。

表 4-2 各物质的保留时间

编号	芳香胺名称	保留时间/min	定量离子
1	邻甲苯胺	5.2	107
2	邻氨基苯甲醚	6.5	123
3	对氯苯胺	7.0	127
4	2-甲氧基-5-甲基苯胺	8.0	137
5	2,4,5-三甲基苯胺	8.4	135
6	4-氯邻甲苯胺	8.5	141
7	2,4-二氨基甲苯	9.9	122
8	2,4-二氨基苯甲醚	11.5	138
9	2-萘胺	12.6	143
10	2-氨基-4-硝基甲苯	13.4	152
11	4-氨基联苯	15.6	169
12	4-氨基偶氮苯	20.2	197
13	4,4'-二氨基二苯醚	20.6	200
14	4,4'-二氨基二苯甲烷	20.9	198
15	联苯胺	21.1	184
16	邻氨基偶氮甲苯	23.4	225
17	3,3'-二甲基-4,4'-二氨基二苯甲烷	24.0	226
18	3,3'-二甲基联苯	24.6	212
19	4,4'-亚甲基-二-(2-氯苯胺)	27.8	266
20	3,3'-二氯联苯胺	28.0	252
21	3,3'-二甲氧基联苯胺	28.2	244

4.1.6　条件优化和方法学验证

4.1.6.1　吸附剂的选择

在本方法中，考虑到水溶液中芳香胺的吸附条件以及热解吸条件的要求，理想的吸附剂应该具备以下几个条件：①吸附剂应具有合适的吸附强度。选择的吸附剂不仅能够有效地从水溶液中吸附芳香胺，同时要保证吸附的芳香胺能够比较容易地从吸附剂上热脱附下来；②对水的亲和力弱，抗湿性强。这样的吸附剂一方面在水的作用下流失小，使用寿命长，另一方面便于快速除去吸附管中的水分，避免对于冷阱和质谱的损害；③具有较高的最高使用温度。由于很多芳香胺的沸点较高（＞200℃），所选择的吸附剂应能够在较高的温度下进行解吸，从而保证解吸完全。

我们对包括GDX-102（60~80目，苯乙烯/二乙烯苯共聚物）、石墨化炭黑（carbopack B，60~80目）和Tenax-TA（60~80目）等几种疏水性吸附剂进行了比较。GDX-102的使用温度（220℃）较低，对于部分芳香胺无法充分解吸；而石墨化炭黑的吸附能力较强，对于一些高沸点的芳香胺需要较高的解吸温度。与它们相比，Tenax-TA使用温度高，且吸附能力适中，在300℃的解吸温度下绝大部分芳香胺都可以被完全解吸，因而在本实验中我们选择Tenax-TA作为吸附剂。

4.1.6.2　解吸条件的选择

我们对热解吸过程中的一级解吸温度、一级解吸时间、冷阱解吸温度和冷阱解吸时间进行了考察。

（1）一级解吸温度和一级解吸时间　一级解吸指的是吸附管的解吸，理想的一级解吸应该使得吸附管中吸附的所有目标化合物完全解吸。以联苯胺和3,3'-二氯联苯胺为例，它们在不同温度下解吸的完全程度如图4-2所示。

由于部分芳香胺沸点较高，经过实验我们发现当解吸温度为300℃、解吸时间为30min时，除3,3'-二甲氧基联苯胺（解吸度为80%）外所有待测芳香胺的解吸度都大于95%。3,3'-二甲氧基联苯胺的解吸度较低，一方面是由于其沸点较高，另一方面也可能由于其与Tenax填料的相互作用力较强。

（2）冷阱解吸温度和冷阱解吸时间　冷阱解吸也就是所谓的二次解吸，它的要求是"又快又好"，即不但要使冷阱捕获的目标化合物完全解吸，还要保证解吸迅速，从而减小峰的展宽。经过实验，我们确定在解吸温度360℃、解吸时间20min的条件下解吸效果最好。在上述条件下，21种芳香胺的典型色谱分离图如图4-3所示。

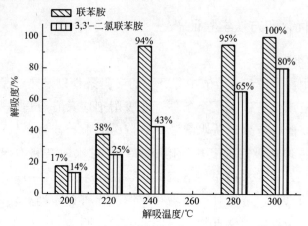

图 4-2 不同温度下解吸的完全程度

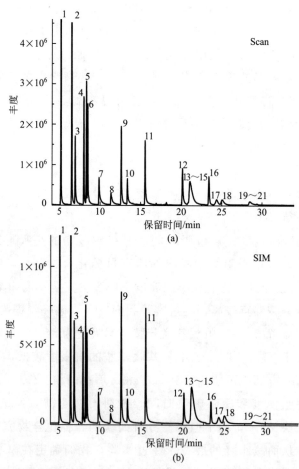

图 4-3 21 种芳香胺的典型色谱分离图（其中 TIC 为全扫模式，SIM 为选择离子模式，色谱峰编号与表 4-2 中各物质编号一致）

4.1.6.3　样品处理过程

在本研究中，我们采用吸附管直接捕集水溶液中的芳香胺，本质上是将吸附管作为固相萃取柱使用，与一般固相萃取的不同之处在于在第一步固相萃取之后进行的是热解吸而不是溶剂解吸。因而芳香胺的捕集可以参照固相萃取的一般过程，即包括活化、捕集和淋洗三个步骤。根据吸附剂和样品的特点，我们采用甲醇和去离子水作为活化溶剂，能够有效除去固定相上的杂质并使得吸附剂被润湿；使用去离子水作为淋洗溶剂，除去可能吸附在填料上的无机盐。

（1）穿透体积和安全采样体积　待吸附物质溶液以一定流量通过吸附柱时，当流出液中吸附质与进样液浓度的比例（η）大于 5％时，可认为吸附柱已经过载，该点即为穿透点，对应的流出体积称为穿透体积。安全采样体积通常定义为穿透体积的 2/3。我们针对吸附剂对含有芳香胺的水溶液的穿透体积和安全采样体积进行了研究。将两根经过老化的吸附管串联在一起，然后用含有芳香胺的水溶液（2mg/L）不断流过，然后将吸附管按前述实验过程处理并进行分析，测定其收集的芳香胺的量，然后根据式(4-1)计算 η。由于涉及物质较多，我们在实验中未对各个芳香胺的穿透体积进行精确测定，但得到的结果显示所有芳香胺的穿透体积均不低于 5mL，因此安全采样体积为 3.3mL。

$$\eta = \frac{A_{t_2}}{A_T} = \frac{A_{t_2}}{A_{t_1} + A_{t_2}} \tag{4-1}$$

式中，A_{t_1} 为第 1 根吸附管流出液中目标化合物的峰面积；A_{t_2} 为第 2 根吸附管流出液中目标化合物的峰面积；A_T 为两根吸附管流出液中目标化合物的总峰面积。

（2）水的吸附　我们还对吸附剂的吸水量进行了考察。采用 DL31 水分滴定仪（瑞士 Mettler-Toledo 公司）对不同状态下 Tenax-TA 的含水量进行了分析，结果如表 4-3 所列。从表 4-3 中可以看出：①经过甲醇活化，Tenax-TA 的吸水量明显提高，有利于芳香胺的吸附；②Tenax-TA 与水的结合力较弱，在 N_2 气流下能够充分地除去吸附水。

表 4-3　Tenax-TA 的吸水量测定结果

状态（A 是直接过水，B 是先用甲醇活化再过水）		吸水量/%
A	滤过 3mL 水后	9.6
	N_2 吹 30min 后	0.76

续表

状态(A是直接过水,B是先用甲醇活化再过水)		吸水量/%
B	滤过3mL水后	139.7
	N₂吹30min后	0.55

（3）吸附管的老化　吸附管在使用后经过老化可以重复使用，具体的老化条件为：在 N_2 气流（50～100mL/min）的保护下于300℃处理30min。

4.1.6.4　方法学指标

实验中采取全扫模式定性，选择离子模式定量，21种芳香胺的定量限和线性范围如表4-4所列。从表中可以看出，采用本方法得到的21种芳香胺的定量限范围均在20ng以下，以样品量为1g、反应溶液体积为20mL、吸附管采样量为200μL计算，21种芳香胺的定量限均低于2mg/kg。

表4-4　21种芳香胺的定量限和线性范围

芳香胺编号	定量限/(mg/kg)	线性范围/ng	线性方程	相关系数 R^2
1	0.2	10～5000	$Y=2927X-45968$	0.9997
2	0.3	10～5000	$Y=1239X-20993$	0.9996
3	0.2	10～5000	$Y=959X+94226$	0.9982
4	0.3	10～5000	$Y=862X+83925$	0.9960
5	0.2	10～5000	$Y=1312X+20251$	0.9964
6	0.3	10～5000	$Y=887X+65389$	0.9982
7	2	50～5000	$Y=70.5X+5947$	0.9956
8	0.5	10～5000	$Y=457X+23434$	0.9960
9	0.2	10～5000	$Y=1223X+16897$	0.9960
10	0.5	10～5000	$Y=435X+43562$	0.9956
11	0.1	10～5000	$Y=3658X-45586$	0.9920
12	0.5	10～5000	$Y=526X+35684$	0.9982
13	0.6	10～5000	$Y=343X-20415$	0.9956
14	3	50～5000	$Y=56.8X+7552$	0.9920
15	0.3	10～5000	$Y=2203X+52562$	0.9982
16	0.5	10～5000	$Y=398X+35412$	0.9960
17	0.6	10～5000	$Y=356X-15896$	0.9920
18	0.3	10～5000	$Y=854X+56982$	0.9956
19	2	50～5000	$Y=82.5X+6235$	0.9920
20	0.6	10～5000	$Y=326X+26531$	0.9956
21	2	50～5000	$Y=68.8X+5835$	0.9964

4.1.6.5 方法的回收率和精密度

我们在三个添加水平上对方法的回收率和精密度进行了考察，结果如表 4-5 所列，平均回收率为 $80.1\% \sim 109.8\%$，相对标准偏差为 $2.2\% \sim 12.4\%$。

表 4-5 回收率和精密度实验结果

芳香胺编号	加入量 50ng		加入量 300ng		加入量 1000ng	
	回收率/%	RSD/%	回收率/%	RSD/%	回收率/%	RSD/%
1	80.8	5.4	85.8	5.0	86.4	3.2
2	85.4	8.4	95.6	6.8	100.0	2.2
3	109.8	8.4	89.2	7.6	83.5	3.0
4	84.3	12.1	82.6	8.6	83.2	5.8
5	86.2	7.2	83.6	6.6	85.1	4.6
6	83.6	7.8	84.5	5.2	85.6	4.1
7	80.6	10.6	82.9	3.0	80.1	7.0
8	86.3	7.4	85.2	6.2	86.2	5.2
9	90.2	8.6	86.2	6.3	86.4	3.5
10	103.1	8.2	96.6	5.8	100.8	4.6
11	82.2	7.6	81.7	5.4	80.2	4.3
12	92.3	8.3	82.3	6.0	98.2	5.2
13	84.6	8.1	90.5	6.3	83.6	4.7
14	82.6	11.2	84.8	8.9	83.2	4.3
15	88.3	8.2	102.6	7.7	90.2	5.1
16	81.6	6.8	81.4	6.2	89.2	4.2
17	86.2	7.6	82.6	5.8	86.3	4.0
18	86.4	6.6	87.3	4.8	87.2	3.6
19	82.6	11.6	86.4	8.2	83.6	5.6
20	83.0	9.2	82.5	7.8	82.8	7.0
21	80.4	12.4	81.1	8.6	82.0	6.2

4.1.7 实际样品检测

应用上述方法，我们对 5 件儿童服装中的初级芳香胺进行了检测，并且与采用传统的基于固相萃取-气相色谱质谱联用方法的检测结果进行了比对。结果其中 1 件产品中发现存在联苯胺，其含量为 10mg/kg，两种方法的结果具有较好的一致性。该样品的色谱图如图 4-4 所示。

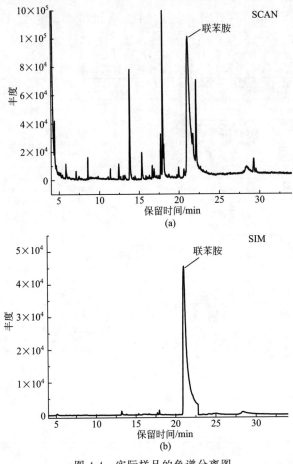

图 4-4　实际样品的色谱分离图

4.2　初级芳香胺总量的测定——溶剂解吸法

4.2.1　方法提要

本方法适用于儿童使用的蜡笔、橡皮泥和木质儿童用品（如木质玩具、婴儿床、木质儿童家具）中包括苯胺、邻甲苯胺、2-甲氧基苯胺、4-氯苯胺、2-萘胺、联苯胺、3,3′-二甲基联苯胺、3,3′-二氯联苯胺、3,3′-二甲氧基联苯胺在内的 9 种初级芳香胺总量的测定。

方法的基本原理是：通过甲醇提取偶氮染料，旋蒸去除甲醇，然后将偶氮染料反应分解为初级芳香胺，最后通过固相萃取的方法收集芳香胺溶液并进行检测。该方法具有有机试剂用量低、处理过程简单、节省时间等优点。采用该方法成功地实现了 9 种初级芳香胺的分离检测。本方法对于不同芳香胺的定量限（LOD）为 2mg/kg，线性范围为 0～500mg/kg，平均回收率为 70%～110%。

4.2.2　待测物质基本信息

见表 4-6。

表 4-6　待测物质基本信息

中文名称	CAS 号	分子式	相对分子质量	结构式
苯胺	62-53-3	C_6H_7N	93.13	
邻甲苯胺	95-53-4	C_7H_9N	107.15	
2-甲氧基苯胺	90-04-0	C_7H_9NO	123.15	
4-氯苯胺	106-47-8	C_6H_6ClN	127.57	
2-萘胺	91-59-8	$C_{10}H_9N$	143.19	
联苯胺	92-87-5	$C_{12}H_{12}N_2$	184.24	
3,3′-二甲基联苯胺	119-93-7	$C_{14}H_{16}N_2$	212.29	
3,3′-二氯联苯胺	91-94-1	$C_{12}H_{10}Cl_2N_2$	253.13	
3,3′-二甲氧基联苯胺	119-90-4	$C_{14}H_{16}N_2O_2$	244.29	

4.2.3　国内外检测方法进展及对比

目前，初级芳香胺检测研究主要集中于纺织品、皮革、电子电气产品、烟气、废水等方面，其中纺织品和皮革的研究最多。采用的检测方法包括高效液相色谱法（HPLC）、气相色谱-质谱法（GC-MS）、薄层色谱法（TLC）和毛细管电泳法等。然而对于有些类型的儿童用品（如蜡笔、橡皮泥、木质玩具等）还缺乏有效的检测方法。蜡笔在儿童玩具以及幼儿教育中一直有较高的使用量，可直接与儿童皮肤接触，甚至有可能被儿童误食，如果其中含有致癌芳香胺将给儿童带来严重的伤害。目前市场上销售的蜡笔，成分主要含蜡类、凡士林、矿物油、碳酸钙、硬脂酸、颜料等，其特殊的材质并不能简单地直接使用已有的检测方法。同样的，目前市场上销售的橡皮泥或称儿童彩泥，主要以水、面粉、塑胶、染料、色素为原料，其中还含有大量有机酸类物质，如苯甲酸等。其特殊的材质也不能简单地直接使用已有的检测方法。本研究详细考察了各种实验参数对于检测结果的影响，旨在建立针对蜡笔、儿童彩泥及木制玩具中初级芳香胺的测定方法。

4.2.4　仪器与试剂

Agilent 6890/5975 气相色谱-质谱联用仪，固相萃取和真空抽滤装置，EYELA 旋转蒸发仪，超声清洗器，离心机。9 种芳香胺的标准品的纯度均为市场可采购的最高纯度。蜡笔前处理过程使用的固相萃取柱为硅藻土固相萃取柱，上样体积为 20mL，吸附剂质量是 20g。橡皮泥和木质儿童用品前处理过程使用的固相萃取柱为美国 Waters 公司的产品，型号为 Oasis HLB 6 cc。用乙腈（色谱纯）溶解配制成浓度为 100mg/L 的储备溶液，甲基叔丁基醚（色谱纯）稀释储备液配制不同浓度的标准工作液。实验用水为经 Milli-Q 净化系统过滤的去离子水；氮气、氦气（>99.999%）；实验中所使用的其他试剂均为分析纯。

标准溶液：将芳香胺标准品溶于甲醇分别配制成 100mg/L 的标准的储备液，置于冰箱中 4℃避光保存，可保存 1 个月。取适量标准储备液用甲基叔丁基醚稀释，分别稀释成浓度为 1mg/L、2.5mg/L、5mg/L、10mg/L 和 20mg/L 的标准工作溶液，标准工作液需每天配制。

4.2.5　分析步骤

（1）蜡笔的前处理

① 从不同颜色蜡笔中抽取代表性式样共 1g，置于 50mL 具塞锥形瓶，全部浸在 20mL 正己烷中，超声 20min；离心（转速 10000r/min）10min，倒掉上清液，将样品放在通风橱中过夜，剩余正己烷挥发尽干。

② 前一天处理过的蜡笔样品中加入 20mL 甲醇溶液，超声 20min；离心（转速 10000r/min）10min，取上清液，再分别用 10mL 甲醇洗涤剩余残渣两次，离心后将所得上清液合并至鸡心瓶。

③ 处理好的溶液放入 35℃ 水浴中的旋转蒸发仪中将甲醇蒸干，加入 17mL 柠檬酸缓冲溶液（0.06mol/L，pH＝6.0）、3mL 连二亚硫酸钠溶液（200mg/L），在 70℃ 下恒温反应 30min，反应后拿出冷却至室温。

④ 反应后的溶液加 0.5mL 浓度为 1mol/L 的 NaOH 后过硅藻土固相萃取柱，吸附 15min，用 20mL 甲基叔丁基醚冲洗 4 次，收集洗脱液于鸡心瓶中。

⑤ 收集液中加入 2mL 浓度为 0.5mol/L 的 HCl 溶液，涡旋 1min，在 20～25℃ 的水浴中旋转蒸发至有机相蒸干，再加入 2mL 浓度为 0.5mol/L 的 NaOH、2mL 甲基叔丁基醚定容，待分层后取有机相上机。

（2）橡皮泥和木质儿童用品的前处理

① 称取样品 1g，全部浸在 20mL 甲醇中，超声 20min；离心（转速 10000r/min）10min。（样品尽量小，尽量取各种颜色）。

② 取上清液，再分别用 10mL 甲醇洗涤剩余残渣两次，离心后将所得上清液合并至鸡心瓶中。

③ 处理好的溶液放入 35℃ 水浴中的旋转蒸发仪中将甲醇蒸干，加入 8.5mL 柠檬酸缓冲溶液（0.06mol/L，pH＝6.0）、1.5mL（200mg/L）连二亚硫酸钠溶液，在 70℃ 下恒温反应 30min，反应后拿出冷却至室温。

④ 反应后的溶液加入 1mL 浓度为 4mol/L 的 NaOH 后过 OASIS 的 HLB 固相萃取柱，经过甲醇/水活化，水淋洗，最后用甲醇洗脱，洗脱 5 次，每次用量为 1mL，收集洗脱液加入无水硫酸钠，涡旋 30s 后静置上机。

将标准样按浓度从低到高在上述实验条件下依次进行测定，以得到的色谱峰的峰面积为纵坐标，对应的芳香伯胺含量为横坐标作图，绘制标准工作曲线。结果表明：9 种芳香胺浓度为 0～20μg/mL，浓度与其对应的峰面积值呈良好的线性关系。当样品中的待测芳香胺超过此线性范围时，可适当加大样品的稀释倍数。

仪器条件如下。

① 色谱柱：HP-5M 石英毛细管柱，30m × 0.25mm × 1.80μm，或等效者。

② 程序升温：初始温度 100℃（保持 2min），以 10℃/min 升至 135℃，以 15℃/min 升至 185℃（保持 1min），以 15℃/min 升至 220℃（保持 12min），以 8℃/min 升至 280℃，尾吹 2min。

③ 载气：高纯氦，流速为 1.0mL/min。

④ 进样口温度：280℃；进样模式：分流进样，分流比 5∶1。

⑤ 检测器：质量选择检测器（MSD）；质量扫描范围：m/z 50～300。

⑥ 接口温度：280℃。

⑦ 离子化方式：EI；电离能量：70eV；监测方式：SIM。

在上述条件下，各物质的保留时间如表 4-7 所列。

表 4-7   各物质的保留时间

编号	芳香胺名称	保留时间/min	特征离子（* 为定量离子）
1	苯胺	2.7	65、66、93*
2	邻甲苯胺	3.6	77、106*、107
3	2-甲氧基苯胺	4.8	80、108*、123
4	4-氯苯胺	5.2	92、127*、129
5	2-萘胺	9.1	115、116、143*
6	联苯胺	14.9	183、184*、185
7	3,3'-二甲基联苯胺	18.4	106、212*、213
8	3,3'-二氯联苯胺	22.4	126、252*、254
9	3,3'-二甲氧基联苯胺	23.0	201、229、244*

在上述条件下，各物质的典型色谱图如图 4-5 所示。

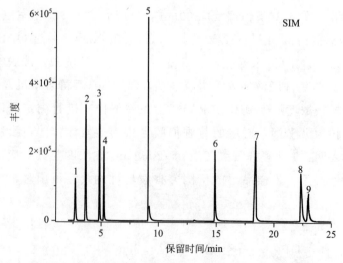

图 4-5   各物质的典型色谱图（色谱峰编号与表 4-7 一致）

4.2.6　条件优化和方法学验证

4.2.6.1　偶氮染料提取液的选择

测定实际样品中初级芳香胺的前提条件是将能分解出初级芳香胺的偶氮染料有效提取并还原转化。本研究以分散蓝 106、酒石黄、分散红 1、分散橙 37 4 种不同类型的代表性偶氮染料作为测试对象，我们首先考察了它们在甲醇、甲基叔丁基醚、正己烷、水、乙醇等不同溶剂中的溶解情况，结果显示对于上述 4 种偶氮染料，甲醇的溶解性最好，如表 4-8 所列。因此在本研究中选择甲醇作为提取溶剂。

表 4-8　四种偶氮染料在不同溶剂中的溶解效果

染料	水	正己烷	甲醇
分散蓝 106	微溶	微溶	溶解
酒石黄	微溶	微溶	溶解
分散红 1	不溶	微溶	溶解
分散橙 37	不溶	微溶	溶解

接下来，本研究采用紫外可见光谱对提取过程进行了考察。自行制作了含有偶氮染料的橡皮泥样品，然后对甲醇作为提取溶剂的提取效果进行了研究，结果如图 4-6 所示。图中显示的是用甲醇连续 4 次提取后得到的提取溶液的紫外可见吸收光谱图，虚线方框部分是偶氮特征吸收峰。从图中可以看出，用甲醇超声提取 2 次后橡皮泥中的偶氮染料就已经被完全提取出来。因此在本实验中采用上述条件进行提取。

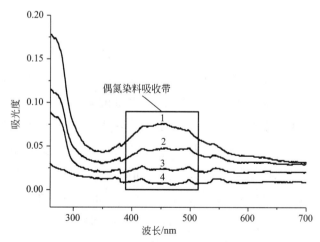

图 4-6　偶氮染料甲醇提取液的紫外可见吸收光谱图

1—第一次提取液；2—第二次提取液；3—第三次提取液；4—第四次提取液

4.2.6.2 蜡笔前处理过程中正己烷的添加

蜡笔中的主要成分是蜡类、凡士林、矿物油、碳酸钙、硬脂酸、颜料等。这些物质中大部分溶于有机溶剂，影响我们最后对芳香胺的检测，通过对蜡笔的预处理能够减少大量杂质，最后达到较好的分离检测目的。

从图 4-7 中可以看到经过正己烷处理的样品在最后的分离检测时的杂质要明显少于没有经过正己烷处理的样品。

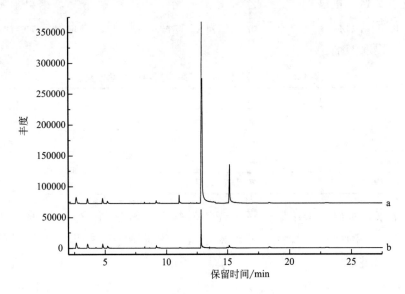

图 4-7　正己烷处理前、后的样品色谱图

a—处理前；b—处理后

4.2.6.3 蜡笔前处理过程中酸的选择

芳香族伯胺多数能与酸生成盐，根据这一性质，实验在含有芳香胺的甲基叔丁基醚中加入适量的酸将其转化为盐类，溶于水中，真空旋转蒸干甲基叔丁基醚溶剂，后在余下的水溶液中加入等量的碱，反应后芳香胺盐又转化为芳香胺，用甲基叔丁基醚萃取后通过气质联用仪测定。加入酸的方式可减少蒸馏时芳香胺的损失，提高回收率。尝试使用不同浓度的醋酸和盐酸，通过回收率比较，发现使用盐酸效果较好，如图 4-8 所示。

通过对比不同浓度的盐酸，发现加入 0.5mol/L 的盐酸效果最好。表 4-9是用 3 种不同浓度的盐酸处理蜡笔后芳香伯胺的回收率，图 4-9 为不同浓度的盐酸处理的实际样品的 GC-MS 谱图，从图中可看出，0.5mol/L 盐酸的分离效果好于 1mol/L 及 0.1mol/L 的盐酸。

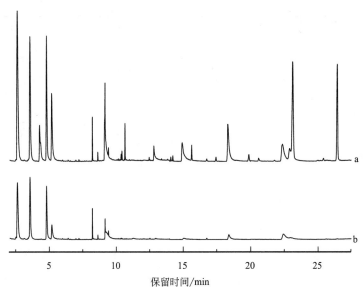

图 4-8 相同浓度的盐酸和乙酸处理后色谱图

a—盐酸；b—乙酸

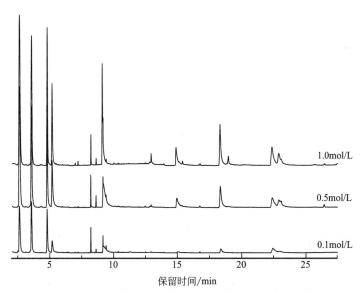

图 4-9 不同浓度的盐酸处理的实际样品的 GC-MS 谱图

表 4-9 用 3 种不同浓度盐酸处理蜡笔后芳香伯胺的回收率   单位：%

芳香胺名称	0.1mol/L	0.5mol/L	1mol/L
苯胺	77.6	94.8	95.2
邻甲苯胺	79.8	106.8	117.3

续表

芳香胺名称	0.1mol/L	0.5mol/L	1mol/L
2-甲氧基苯胺	74.3	98.9	103.0
4-氯苯胺	76.3	101.6	105.3
2-萘胺	44.9	82.3	74.3
联苯胺	39.9	81.0	59.2
3,3′-二甲基联苯胺	53.4	82.1	84.2
3,3′-二氯联苯胺	41.2	83.1	78.6
3,3′-二甲氧基联苯胺	46.4	98.8	70.1

4.2.6.4　固相萃取柱的选择

为了收集芳香胺的提取液，固相萃取柱的选择必须遵循：柱内填料应具有合适的吸附强度。不仅能够有效地从水溶液中吸附芳香胺，同时要保证吸附的芳香胺洗脱时能够比较容易地脱附下来。考察 5 种不同的固相萃取柱：Chroma bond Easy、OASIS HLB Cartridge、Orochem C18、Supelclean ENVI-Card SPE、Supelclean ENVI-Chrom P，通过各个固相萃取柱对芳香胺的添加回收率来衡量进行比较。

图 4-10～图 4-14 分别为采用上述 5 种固相萃取柱对芳香胺进行处理所得到的色谱图。从图中我们可以看出 OASIS 固相萃取柱对芳香胺添加回收的色谱图各个峰出峰较明显、峰面积较大，杂质干扰少，所以本实验选用 Waters 公司的 OASIS 作为固相萃取柱。

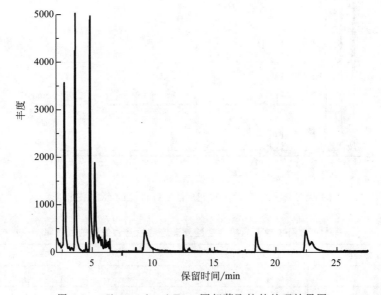

图 4-10　Chroma bond Easy 固相萃取柱的处理效果图

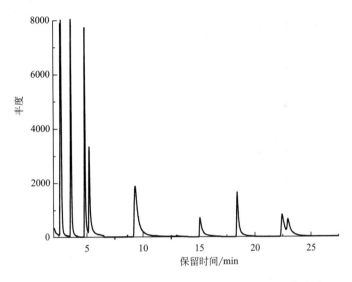

图 4-11 OASIS HLB Cartridge 固相萃取柱的处理效果图

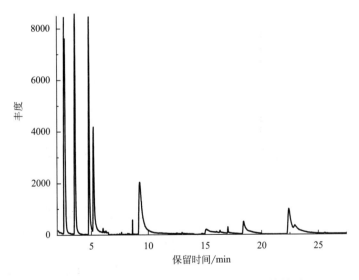

图 4-12 Orochem C18 固相萃取柱的处理效果图

4.2.6.5 洗脱溶液的选择

选择一种合适的洗脱溶液将吸附在固相萃取柱上的芳香胺洗脱下来，才能最终达到对样品中芳香胺总量检测的目的。所以在实验中选择固相萃取的洗脱溶液也是非常重要的因素之一。我们对甲醇、乙腈、乙酸乙酯、二氯甲烷以及它们的混合液对芳香胺在固相萃取柱上的洗脱能力进行研究和比较。

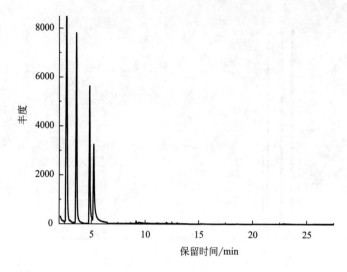

图 4-13　Supelclean ENVI-Card SPE 固相萃取柱的处理效果图

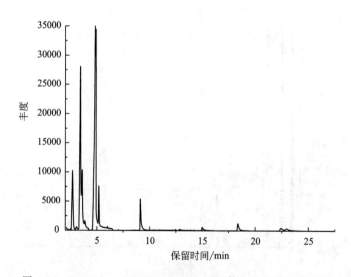

图 4-14　Supelclean ENVI-Chrom P 固相萃取柱的处理效果图

乙腈的洗脱能力较差，在每次加入 1mL 洗脱 5 次以后仍没有将吸附在固相萃取柱上的芳香胺完全洗脱，乙酸乙酯对前四种物质的洗脱能力最强，对其他芳香胺的洗脱能力较弱，二氯甲烷以及其他混合溶液也无法有较好的洗脱效果，与它们相比，甲醇对 9 种芳香胺的洗脱能力都较好，经过 5 次洗脱后基本上将吸附在固相萃取柱上的样品洗脱完全，因而在本实验中我们选择甲醇作为洗脱液。

4.2.6.6 水溶液的酸碱性对提取回收率的影响

（1）对橡皮泥的影响 通过实验发现，橡皮泥中影响芳香胺检测的主要杂质是苯甲酸，在过固相萃取柱前加一定量的 NaOH 溶液使 pH 值大约在 12 左右，可将苯甲酸转化为苯甲酸盐，不仅去除了杂质，还提高了芳香胺的回收率。图 4-15 是未添加 NaOH 溶液的芳香胺分离色谱图，图 4-16 是经 NaOH 溶液处理后芳香胺的分离色谱图。从图中我们可以看出经过 NaOH 的处理最后的色谱图中杂质明显变少，各个物质分离好，峰型和峰面积较大。

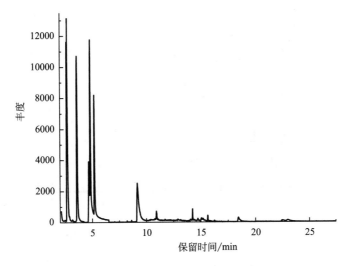

图 4-15 橡皮泥中未添加 NaOH 溶液的芳香胺分离色谱图

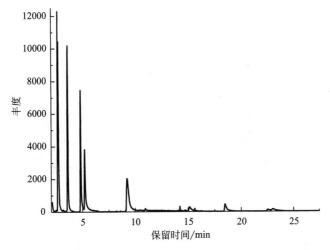

图 4-16 橡皮泥中加入 NaOH 溶液处理后芳香胺的分离色谱图

（2）对木质儿童用品的影响　木材里含有大量杂质，其中影响芳香胺回收的杂质主要是木材中的脂肪酸，在过固相萃取柱前加一定量的 NaOH 溶液，大大提高了芳香胺的回收率。图 4-17 是未添加 NaOH 溶液的芳香胺分离色谱图，图 4-18 是经 NaOH 溶液处理后芳香胺的分离色谱图。从图中我们可以看出经过了 NaOH 处理的芳香胺的分离明显好于没经过处理的，尤其是后面的几种物质，而且整体的峰型和峰面积都较大。

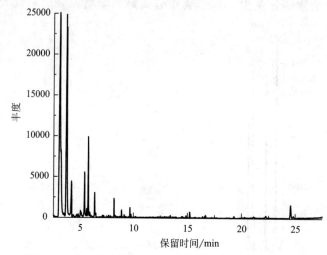

图 4-17　木材中未添加 NaOH 溶液的芳香胺分离色谱图

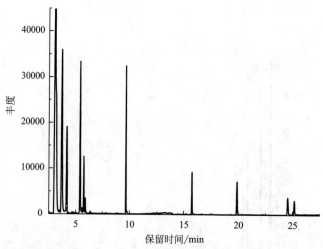

图 4-18　木材中加入 NaOH 溶液处理后芳香胺的分离色谱图

4.2.6.7　方法学验证

9 种初级芳香胺的线性范围如表 4-10 所列。

表 4-10　9 种芳香胺的线性范围、线性方程及相关系数

编号	名称	线性范围	线性方程	相关系数 R^2
1	苯胺		$Y = 39943X - 17152.7$	0.9981
2	邻甲苯胺		$Y = 85916X - 33433.6$	0.9986
3	2-甲氧基苯胺		$Y = 62915X - 30388.7$	0.9981
4	4-氯苯胺		$Y = 37827X - 23806.3$	0.9968
5	2-萘胺	$0 \sim 20\mu g/mL$	$Y = 75689X - 66239$	0.9964
6	联苯胺		$Y = 54807X - 59885.1$	0.996
7	3,3′-二甲基联苯胺		$Y = 74979X - 97895.4$	0.9945
8	3,3′-二氯联苯胺		$Y = 67009X - 87372.7$	0.9939
9	3,3′-二甲氧联苯胺		$Y = 51321X - 73846.4$	0.9932

在本方法确定的实验条件下进行测定，以 10 倍信噪比作为定量限的判定依据，确定方法对苯胺、邻甲苯胺、2-甲氧基苯胺、4-氯苯胺、2-萘胺、联苯胺、3,3′-二氯联苯胺、3,3′-二甲基联苯胺、3,3′-二甲氧联苯胺的定量限均为 5mg/kg。

实际样品加标回收率设计了三个添加浓度 5mg/kg、25mg/kg、100mg/kg，按本方法所确定的实验条件，对每个添加浓度平行进行 6 次实验。蜡笔类样品中添加芳香胺的回收率和精密度结果见表 4-11。

表 4-11　蜡笔类样品中添加芳香胺的回收率和精密度结果

物质名称	加入量/(mg/kg)	平均回收率/%	相对标准偏差/%
苯胺	5	92.29	6.96
	25	96.14	5.62
	100	96.50	3.91
邻甲苯胺	5	96.03	4.90
	25	96.88	5.41
	100	99.56	1.64
2-甲氧基苯胺	5	97.96	2.62
	25	95.59	4.53
	100	96.91	1.91
4-氯苯胺	5	95.72	5.29
	25	99.84	4.01
	100	100.77	2.47
2-萘胺	5	89.37	3.75
	25	90.93	6.16
	100	89.53	4.31

续表

物质名称	加入量/(mg/kg)	平均回收率/%	相对标准偏差/%
联苯胺	5	93.15	6.38
	25	89.64	8.85
	100	96.59	3.99
3,3′-二甲基联苯胺	5	95.05	5.15
	25	91.85	5.75
	100	99.83	2.85
3,3′-二氯联苯胺	5	93.98	7.45
	25	95.17	4.97
	100	102.43	1.79
3,3′-二甲氧基联苯胺	5	94.57	6.80
	25	86.02	5.59
	100	99.62	3.49

图 4-19 为实际空白样品中添加初级芳香胺后的色谱图。

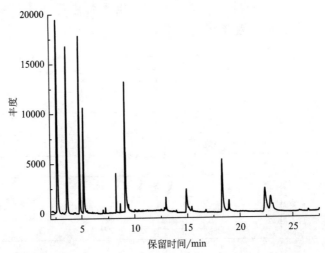

图 4-19　蜡笔实际空白样品中添加初级芳香胺后的色谱图

橡皮泥类样品中添加芳香胺的回收率和精密度结果见表 4-12。

表 4-12　橡皮泥类样品中添加芳香胺的回收率和精密度结果

物质名称	加入量/(mg/kg)	平均回收率/%	相对标准偏差/%
苯胺	5	96.06	2.31
	25	93.92	7.09
	100	89.30	8.41

续表

物质名称	加入量/(mg/kg)	平均回收率/%	相对标准偏差/%
邻甲苯胺	5	97.22	2.42
	25	93.49	7.28
	100	98.53	3.48
2-甲氧基苯胺	5	98.57	2.26
	25	90.54	6.43
	100	97.51	3.02
4-氯苯胺	5	93.79	1.96
	25	89.38	5.80
	100	96.95	4.18
2-萘胺	5	96.96	2.38
	25	91.36	6.66
	100	93.86	4.50
联苯胺	5	94.90	5.38
	25	95.00	8.98
	100	98.14	2.81
3,3′-二甲基联苯胺	5	96.73	3.86
	25	90.56	11.55
	100	100.15	3.05
3,3′-二氯联苯胺	5	81.47	9.60
	25	78.31	3.32
	100	88.38	3.12
3,3′-二甲氧基联苯胺	5	97.11	2.24
	25	89.30	8.41
	100	102.5	3.00

图 4-20 为实际空白样品中添加初级芳香胺后的色谱图。

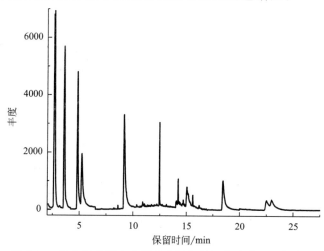

图 4-20　橡皮泥实际空白样品中添加初级芳香胺后的色谱图

木质儿童用品样品中添加芳香胺的回收率和精密度结果见表 4-13。

表 4-13 木质儿童用品样品中添加芳香胺的回收率和精密度结果

物质名称	加入量/(mg/kg)	平均回收率/%	相对标准偏差/%
苯胺	5	98.02	2.23
	25	101.24	2.97
	100	96.38	3.30
邻甲苯胺	5	92.78	4.01
	25	95.63	4.20
	100	93.25	4.66
2-甲氧基苯胺	5	101.24	2.72
	25	98.19	2.27
	100	97.24	2.96
4-氯苯胺	5	98.26	1.76
	25	95.75	2.53
	100	97.74	3.43
2-萘胺	5	98.70	2.31
	25	92.81	2.03
	100	95.66	3.48
联苯胺	5	97.49	2.72
	25	98.29	1.17
	100	96.83	5.48
3,3'-二甲基联苯胺	5	103.07	3.31
	25	100.58	5.03
	100	99.11	3.23
3,3'-二氯联苯胺	5	84.70	3.77
	25	74.50	4.91
	100	77.17	5.95
3,3'-二甲氧基联苯胺	5	101.24	2.97
	25	98.13	4.04
	100	95.60	5.31

图 4-21 为木质儿童用品实际样品添加初级芳香胺的色谱图。

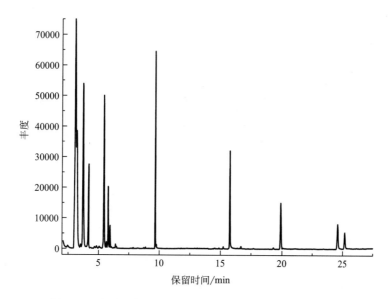

图 4-21　木质儿童用品实际样品添加初级芳香胺的色谱图

4.2.7　实际样品检测

采用上述方法，我们对市场上出售的 15 种蜡笔产品进行了分析测定。其中有 1 件检出苯胺单体，含量为 6.12mg/kg。对 8 种橡皮泥和 8 种木质用品进行了检测，均未检出芳香胺类物质。

4.3　初级芳香胺迁移量的测定

4.3.1　方法提要

本方法适用于儿童用品中的可接触液体以及纸质、木质、气球、皮革、纺织品、带黏合剂的贴纸类、橡皮泥及蜡笔等儿童用品中包括苯胺、邻甲苯胺、2-甲氧基苯胺、4-氯苯胺、2-萘胺、联苯胺、3,3'-二甲基联苯胺、3,3'-二氯联苯胺、3,3'-二甲氧基联苯胺在内的 9 种初级芳香族迁移量的测定。

方法的基本原理是：以去离子水为模拟物提取样品中的初级芳香族，提取液经多孔粒状硅藻土萃取柱净化，并用有机溶剂进行萃取，然后采用气相色谱质谱联用仪进行检测，外标法定量。本方法对 9 种芳香胺定量测定低限为 2mg/kg。

4.3.2　仪器与试剂

气相色谱-质谱联用仪，配有电子轰击电离源（EI）；微量进样器，1μL；分析天平，可读数至 0.0001g；超声波提取器，工作频率为 40kHz；离心机，转速大于 5000r/min；溶剂过滤器；涡旋振荡器；旋转蒸发仪；0.45μm 水系过滤膜；多孔粒状硅藻土萃取柱，Chromabond XTR，30mL，填料含量为 14.5g；乙腈，高效液相色谱级；叔丁基甲醚；正己烷；乙酸溶液；0.1mol/L；氢氧化钠溶液，0.1mol/L；9 种芳香胺的标准品的纯度均为市场可采购的最高纯度。

标准储备溶液：分别准确称取 10mg 芳香族伯胺标准品，准确至 0.1mg，然后缓慢加入 25mL 乙腈溶解，转移至 100mL 容量瓶，并将容量瓶置入超声波中振荡 10min 使其充分溶解，用乙腈定容，配制成浓度分别为 100mg/L 的标准储备溶液。该溶液在 3～5℃下避光冷藏保存，可保存 6 个月。

4.3.3　分析步骤

（1）水剂样品前处理　从样品中抽取代表性试样，从不同颜色水剂样品中选取代表性试样。取水剂试样约 1g（精确到 0.1mg），置于 50mL 具塞锥形瓶中，加入 15mL 水，在超声波清洗器中超声提取 20min，提取液离心 15min，离心后的溶液倾入多孔粒状硅藻土柱内，吸收 20min 后，用 20mL 甲基叔丁基醚洗脱 4 次，洗脱液收集于 100mL 圆底烧瓶中，在洗脱液中加入 2mL 乙酸溶液，涡旋 15s，在 20～25℃水浴中旋蒸至 5mL 左右，并用氮气将有机相吹至近干，在水相中添加 2mL 氢氧化钠溶液，再加入 2mL 甲基叔丁基醚，涡旋 15s，静置片刻，待有机相与水相完全分层后，取上层有机相供气相色谱测定。

（2）气球、纸类和文身贴样品前处理　从气球、纸类或文身贴样品中抽取代表性试样约 5g，从不同颜色中选取代表性试样。剪成各边长小于 3mm 的小片，混匀，制得实验样品。从实验样品中称取 1g（精确到 0.1mg），置于 50mL 具塞锥形瓶中，加入 15mL 水，在超声波清洗器中超声提取 20min，提取液离心 15min，离心后的溶液倾入多孔粒状硅藻土柱内，吸收 20min 后，用 20mL 甲基叔丁基醚洗脱 4 次，洗脱液收集于 100mL 圆底烧瓶中，在洗脱液中加入 2mL 乙酸溶液，涡旋 15s，在 20～25℃水浴中旋蒸至 5mL 左右，并用氮气将有机相吹至近干，在水相中添加 2mL 氢氧化钠溶液，再加入 2mL 甲基叔丁基醚，涡旋 15s，静置片刻，待有机相与水相完全分层后，取上层有机相供气相色谱测定。

（3）造型黏土和蜡笔样品前处理　　称取造型黏土或蜡笔试样约 1g（精确到 0.1mg），置于 50mL 具塞锥形瓶中，加入 15mL 水，在超声波清洗器中超声提取 20min，提取液离心 15min，离心后的溶液倾入多孔粒状硅藻土柱内，吸收 20min 后，用 20mL 甲基叔丁基醚洗脱 4 次，洗脱液收集于 100mL 圆底烧瓶中，在洗脱液中加入 2mL 乙酸溶液，涡旋 15s，在 20～25℃水浴中旋蒸至 5mL 左右，并用氮气将有机相吹至近干，在水相中添加 2mL 氢氧化钠溶液，再加入 2mL 甲基叔丁基醚，涡旋 15s，静置片刻，待有机相与水相完全分层后，取上层有机相供气相色谱测定。

（4）纺织和皮革制儿童用品样品前处理　　首先根据 EN ISO 105-E04 对样品进行测试，如果样品褪色则继续进行如下操作：从纺织品或皮革样品中抽取代表性试样，从不同颜色或不同部位选取代表性试样，试样面积不小于 $10cm^2$。试样剪成各边长小于 3mm 的小片，混匀。称取试样约 1g（精确到 0.1mg），置于 50mL 具塞锥形瓶中，加入 15mL 水，在超声波清洗器中超声提取 20min，提取液离心 15min，离心后的溶液倾入多孔粒状硅藻土柱内，吸收 20min 后，用 20mL 甲基叔丁基醚洗脱 4 次，洗脱液收集于 100mL 圆底烧瓶中，在洗脱液中加入 2mL 乙酸溶液，涡旋 15s，在 20～25℃水浴中旋蒸至 5mL 左右，并用氮气将有机相吹至近干，在水相中添加 2mL 氢氧化钠溶液，再加入 2mL 甲基叔丁基醚，涡旋 15s，静置片刻，待有机相与水相完全分层后，取上层有机相供气相色谱测定。

（5）木质儿童用品样品前处理　　厚度小于 1cm 的木制玩具直接从表面抽取代表性的试样，处理成各边小于 3mm 的小木块。厚度大于 1cm 的木制玩具，用钻孔器钻到约 1cm 深度，确保取样均匀，取出约 5g 有代表性的试样。称取试样约 1g（精确到 0.1mg），置于 50mL 具塞锥形瓶中，加入 15mL 水，在超声波清洗器中超声提取 20min，提取液离心 15min，离心后的溶液倾入多孔粒状硅藻土柱内，吸收 20min 后，用 20mL 甲基叔丁基醚洗脱 4 次，洗脱液收集于 100mL 圆底烧瓶中，在洗脱液中加入 2mL 乙酸溶液，涡旋 15s，在 20～25℃水浴中旋蒸至 5mL 左右，并用氮气将有机相吹至近干，在水相中添加 2mL 氢氧化钠溶液，再加入 2mL 甲基叔丁基醚，涡旋 15s，静置片刻，待有机相与水相完全分层后，取上层有机相供气相色谱测定。

移取标准储备液配制成浓度为 1.0μg/mL、2.5μg/mL、5.0μg/mL、10μg/mL、20μg/mL 的混合标准工作溶液，取 1μL 注入气相色谱质谱仪进行测定，以定量选择离子的峰面积为纵坐标，与其对应的浓度为横坐标作图，绘制标准工作曲线。

仪器条件如下。

① 色谱柱：5%二联苯聚氧硅烷/95%二甲基聚氧硅烷（RTX-5，Amine，或同等效能柱）。

② 程序升温：60℃（3min）−7℃/min−280℃（4min）−10℃/min−300℃（2min）。

③ 载气：氦气，0.8mL/min。

④ 进样口温度：250℃。

⑤ 进样方式：分流进样，分流比 5∶1。

⑥ 进样量：1μL。

⑦ 接口温度：280℃。

⑧ 离子化方式：EI；电离能量 70eV；监测方式 SIM。

4.3.4 条件优化和方法学验证

4.3.4.1 分流比的选择

对比了不分流进样和分流进样两种进样方式，结果表明分流进样时苯胺、邻甲苯胺、2-甲氧基苯胺、4-氯苯胺、2-萘胺、联苯胺、3,3′-二甲基联苯胺、3,3′-二氯联苯胺、3,3′-二甲氧基联苯胺各峰峰形圆润，分离效果欠佳。分流进样后各峰变得尖锐，峰形对称，同时可减少进样量，延长色谱柱的使用寿命。经过实验，分流比过大的芳香胺的灵敏度偏低，分流比过小，不能显示出分流进样的优势，经过对比选择最佳分流比为 1∶5。

4.3.4.2 方法学指标

在本方法确定的实验条件下，移取标准储备液配制成浓度为 0、1.0μg/mL、2.5μg/mL、5.0μg/mL、10μg/mL、20μg/mL 的混合标准工作溶液，以色谱峰面积对相应的浓度作图，结果表明：9 种芳香胺浓度在 0～20μg/mL 范围内，浓度与其对应的峰面积值呈良好线性关系。当样品中的待测芳香胺超过此线性范围时，可适当加大样品的稀释倍数。

表 4-14 所列为 9 种芳香胺的线性范围、线性方程及相关系数。

表 4-14 9 种芳香胺的线性范围、线性方程及相关系数

编号	名称	线性范围	线性方程	相关系数 R^2
1	苯胺		$Y=39005X-9636.5$	0.9974
2	邻甲苯胺		$Y=53700X-9558.6$	0.9945
3	2-甲氧基苯胺		$Y=29580X-8070.7$	0.999
4	4-氯苯胺		$Y=44451X-11488$	0.9981
5	2-萘胺	$0\sim20\mu g/mL$	$Y=79408X-42562$	0.9988
6	联苯胺		$Y=75735X-71590$	0.9957
7	$3,3'$-二甲基联苯胺		$Y=88417X-77087$	0.9935
8	$3,3'$-二氯联苯胺		$Y=61728X-41604$	0.9966
9	$3,3'$-二甲氧基联苯胺		$Y=42284X-46253$	0.9947

用选定的条件对九种芳香胺进行实验,当进样浓度为 1mg/L(相当于样品中各种芳香胺的量为 2mg/kg)时,响应信号大于噪声标准偏差的 10 倍,确定方法对 9 种芳香胺定量测定低限为 2mg/kg。

本方法选择经预先测定皮革类、贴纸类等 9 种玩具样品中不含所列 9 种芳香胺的样品进行回收率和精密度实验,回收率实验设定了三个添加浓度 1.0mg/L、10.0mg/L、20.0mg/L,按本方法所确定的实验条件,对每个添加浓度在玩具样品中进行 6 次试验,9 种芳香胺回收率及相对标准偏差见表 4-15。

表 4-15 9 种芳香胺添加浓度范围、测定回收率及相对标准偏差

编号	名称	添加浓度范围	测定回收率/%	相对标准偏差/%
1	苯胺		85.91~102.60	1.91~4.85
2	邻甲苯胺		87.72~102.00	1.45~4.02
3	2-甲氧基苯胺		85.07~102.22	2.02~4.88
4	4-氯苯胺		83.26~104.93	1.10~4.90
5	2-萘胺	$0\sim20mg/L$	85.48~101.76	1.22~4.73
6	联苯胺		83.91~103.49	1..28~4.72
7	$3,3'$-二甲基联苯胺		80.96~102.92	1.26~4.95
8	$3,3'$-二氯联苯胺		86.73~104.07	0.64~3.87
9	$3,3'$-二甲氧基联苯胺		80.59~101.30	1.05~4.46

各类样品中添加 1.0mg/L 芳香胺的回收率和精密度试验结果见表 4-16~表 4-24。

表 4-16　水剂样品中添加 1.0mg/L 芳香胺的回收率和精密度试验结果

芳香胺编号		1	2	3	4	5	6	7	8	9
回收率/%	1	92.3	93.1	95.7	90.3	92.4	89.6	90.6	91.3	92.3
	2	95.6	95.4	94.5	90.3	89.2	91.5	89.9	90.2	93.1
	3	90.2	90.0	92.1	88.8	92.4	90.6	93.2	91.2	89.7
	4	88.8	89.2	89.4	92.1	87.3	85.4	90.6	92.2	90.6
	5	85.3	87.1	90.1	95.4	90.2	91.7	90.2	91.3	93.2
	6	93.2	90.3	93.8	92.5	88.7	92.2	91.5	90.4	90.4
平均回收率/%		90.9	90.8	92.6	91.6	90.1	90.2	91.1	91.1	91.6
标准偏差/%		3.63	2.95	2.51	2.33	2.07	2.51	1.15	0.72	1.52
相对标准偏差/%		3.99	3.25	2.71	2.55	2.30	2.78	1.26	0.79	1.66

表 4-17　纺织类样品中添加 1.0mg/L 芳香胺的回收率和精密度试验结果

芳香胺编号		1	2	3	4	5	6	7	8	9
回收率/%	1	84.5	86.1	93.6	107.5	99.6	104.6	94.6	90.3	85.9
	2	85.9	87.5	90.7	106.2	91.4	107.0	97.0	90.1	85.6
	3	83.3	86.7	91.8	104.8	92.1	101.6	99.6	90.6	84.3
	4	86.6	86.5	92.4	105.7	92.3	107.4	97.4	90.4	88.6
	5	90.9	94.3	100.0	108.7	98.1	102.7	98.7	88.4	91.6
	6	84.0	86.1	89.3	96.4	98.5	97.4	97.4	82.2	86.0
平均回收率/%		85.9	87.9	93.0	104.9	95.3	103.4	97.4	88.6	87.0
标准偏差/%		2.76	3.19	3.93	4.39	3.77	3.73	1.70	3.27	2.68
相对标准偏差/%		3.21	3.63	4.22	4.18	3.95	3.61	1.74	3.69	3.07

表 4-18　皮革玩具样品中添加 1.0mg/L 芳香胺的回收率和精密度试验结果

芳香胺编号		1	2	3	4	5	6	7	8	9
回收率/%	1	104.5	104.6	88.0	95.9	86.4	104.9	92.8	97.7	85.8
	2	103.0	102.0	89.4	94.3	86.4	102.6	93.2	102.0	86.5
	3	102.8	101.9	89.3	98.8	86.3	104.5	93.4	102.9	89.9
	4	99.5	97.1	95.2	94.2	93.9	99.5	93.3	95.1	95.9
	5	104.9	98.7	86.4	87.7	94.9	94.2	85.4	95.5	89.9
	6	100.6	99.7	97.6	97.6	93.2	96.3	94.0	97.4	93.7
平均回收率/%		102.6	100.7	91.0	94.8	90.2	100.3	92.0	98.4	90.3
标准偏差/%		2.15	2.69	4.40	3.91	4.20	4.43	3.26	3.28	3.93
相对标准偏差/%		2.09	2.67	4.84	4.12	4.66	4.41	3.54	3.33	4.35

表 4-19　木制玩具样品中添加 1.0mg/L 芳香胺的回收率和精密度试验结果

芳香胺编号		1	2	3	4	5	6	7	8	9
回收率/%	1	90.7	98.0	101.4	97.6	98.1	100.1	93.7	101.8	95.0
	2	103.7	99.4	90.1	103.0	102.8	102.7	102.0	99.1	103.5
	3	102.7	101.0	99.9	96.0	99.6	92.1	104.5	98.9	97.0
	4	101.2	102.7	101.7	95.9	98.0	96.5	93.9	95.5	99.0
	5	99.4	100.8	100.2	92.2	90.8	92.5	97.0	92.3	93.9
	6	100.3	101.3	100.3	91.7	92.1	95.4	101.4	96.4	94.4
平均回收率/%		99.7	100.5	99.0	96.1	96.9	96.5	98.7	97.3	97.1
标准偏差/%		4.67	1.63	4.39	4.11	4.58	4.20	4.53	3.31	3.65
相对标准偏差/%		4.68	1.62	4.44	4.28	4.73	4.34	4.58	3.40	3.76

表 4-20　纸类玩具样品中添加 1.0mg/L 芳香胺的回收率和精密度试验结果

芳香胺编号		1	2	3	4	5	6	7	8	9
回收率/%	1	90.2	92.1	86.1	91.4	92.7	85.1	88.1	84.1	80.1
	2	89.3	88.7	85.4	93.6	89.4	82.1	90.3	88.7	78.1
	3	85.2	84.1	89.1	87.4	91.5	80.7	90.5	90.6	81.0
	4	89.7	90.5	91.3	90.2	88.7	89.1	89.0	92.3	83.2
	5	83.2	87.5	90.6	95.3	90.3	83.4	85.5	91.7	82.5
	6	80.5	83.1	84.1	92.1	89.5	90.2	79.2	92.4	78.3
平均回收率/%		86.4	87.7	87.8	91.7	90.4	85.1	87.1	90.0	80.5
标准偏差/%		3.99	3.53	2.98	2.75	1.50	3.84	4.28	3.18	2.12
相对标准偏差/%		4.62	4.02	3.39	2.99	1.65	4.51	4.91	3.54	2.63

表 4-21　文身贴类玩具样品中添加 1.0mg/L 芳香胺的回收率和精密度试验结果

芳香胺编号		1	2	3	4	5	6	7	8	9
回收率/%	1	93.6	89.7	90.2	90.1	92.5	91.1	91.1	90.3	85.9
	2	91.2	85.3	85.2	86.3	88.6	89.3	83.5	84.1	90.7
	3	93.5	90.1	84.9	88.5	91.3	85.7	90.2	90.3	93.1
	4	90.2	93.7	80.1	91.1	91.5	83.4	86.3	87.2	82.6
	5	94.6	92.4	81.3	92.5	88.5	86.5	89.9	84.2	85.3
	6	90.7	90.6	88.5	83.3	87.2	85.9	86.4	83.9	89.2
平均回收率/%		92.3	90.3	85.0	88.6	89.9	87.0	87.9	86.7	87.8
标准偏差/%		1.82	2.89	3.92	3.39	2.12	2.78	2.96	3.07	3.89
相对标准偏差/%		1.97	3.20	4.60	3.82	2.35	3.20	3.36	3.54	4.43

表 4-22　气球类玩具样品中添加 1.0mg/L 芳香胺的回收率和精密度试验结果

芳香胺编号		1	2	3	4	5	6	7	8	9
回收率/%	1	86.5	90.1	88.6	91.1	90.5	89.5	92.2	90.3	93.6
	2	89.6	90.4	87.2	90.5	86.6	87.7	90.5	92.3	88.6
	3	82.6	92.3	86.6	88.4	82.2	81.3	90.3	89.9	83.3
	4	90.2	93.4	83.9	86.2	88.8	92.5	85.5	91.6	85.2
	5	91.7	88.3	80.0	82.9	80.1	90.3	84.4	91.1	90.3
	6	86.2	86.3	80.5	85.5	84.4	87.9	86.6	90.0	90.3
平均回收率/%		87.8	90.1	84.5	87.4	85.4	88.2	88.3	90.9	88.6
标准偏差/%		3.32	2.61	3.61	3.15	3.93	3.81	3.15	0.95	3.74
相对标准偏差/%		3.78	2.89	4.28	3.60	4.59	4.32	3.57	1.04	4.23

表 4-23　橡皮泥类样品中添加 1.0mg/L 芳香胺的回收率和精密度试验结果

芳香胺编号		1	2	3	4	5	6	7	8	9
回收率/%	1	91.8	99.4	100.0	100.1	101.2	104.1	102.7	100.1	99.1
	2	102.7	100.3	90.7	92.1	94.9	93.0	93.2	98.5	92.7
	3	102.7	102.3	89.7	93.1	92.9	92.0	93.2	95.5	96.7
	4	101.0	98.5	99.4	96.0	96.9	99.1	96.2	105.2	101.8
	5	98.4	101.1	98.1	91.9	95.0	94.1	103.2	104.7	93.1
	6	99.0	92.1	98.1	90.9	104.2	95.5	102.8	101.7	100.7
平均回收率/%		99.3	99.0	96.0	94.0	97.6	96.3	98.6	100.9	97.3
标准偏差/%		4.09	3.62	4.55	3.46	4.25	4.55	4.88	3.73	3.85
相对标准偏差/%		4.12	3.65	4.74	3.68	4.35	4.72	4.95	3.69	3.96

表 4-24　蜡笔样品中添加 1.0mg/L 芳香胺的回收率和精密度试验结果

芳香胺编号		1	2	3	4	5	6	7	8	9
回收率/%	1	95.6	90.2	93.8	87.1	90.3	90.0	92.1	95.3	84.5
	2	98.7	89.4	95.5	86.6	93.6	85.1	88.5	93.7	82.4
	3	96.3	88.5	90.7	85.5	88.4	82.5	84.3	90.0	80.0
	4	90.2	91.3	88.4	82.3	87.4	81.4	86.6	86.6	80.3
	5	94.7	87.5	86.5	79.6	89.1	83.3	83.9	87.2	85.9
	6	90.2	82.4	94.4	78.1	84.5	80.9	81.3	89.1	76.6
平均回收率/%		94.3	88.2	91.5	83.2	88.9	83.9	86.1	90.3	81.6
标准偏差/%		3.42	3.15	3.62	3.80	3.03	3.37	3.81	3.49	3.37
相对标准偏差/%		3.62	3.57	3.95	4.56	3.41	4.01	4.42	3.87	4.12

　　各类样品中添加 10mg/L 芳香胺的回收率和精密度试验结果见表 4-25～表 4-33。

表 4-25　水剂样品中添加 10mg/L 芳香胺的回收率和精密度试验结果

芳香胺编号		1	2	3	4	5	6	7	8	9
回收率/%	1	99.7	102.6	98.4	97.4	99.5	98.0	97.4	97.5	99.6
	2	101.6	103.9	100.0	99.2	102.8	98.9	99.4	99.4	102.9
	3	104.9	104.3	101.2	110.3	103.2	97.5	91.6	94.0	95.0
	4	103.9	93.9	104.2	104.6	97.0	100.5	103.0	97.4	94.6
	5	98.9	101.3	95.8	97.8	100.3	99.3	100.0	99.9	102.9
	6	99.3	98.2	103.8	104.0	104.7	94.3	101.8	103.0	96.0
平均回收率/%		101.4	100.7	100.6	102.2	101.3	98.1	98.9	98.5	98.5
标准偏差/%		2.52	4.00	3.22	5.01	2.83	2.12	4.05	3.00	3.84
相对标准偏差/%		2.49	3.98	3.20	4.90	2.80	2.16	4.09	3.05	3.89

表 4-26　纺织类样品中添加 10mg/L 芳香胺的回收率和精密度试验结果

芳香胺编号		1	2	3	4	5	6	7	8	9
回收率/%	1	94.1	93.2	97.8	88.7	85.5	92.3	89.1	94.5	94.2
	2	97.4	98.9	93.2	82.4	87.3	91.8	89.8	91.9	94.4
	3	102.3	97.4	98.0	92.7	91.4	90.3	99.0	88.0	100.0
	4	95.5	91.8	93.4	85.8	86.1	98.1	96.6	87.2	92.1
	5	102.9	99.7	102.4	88.1	96.2	99.7	99.4	94.7	99.9
	6	98.1	94.8	90.9	83.0	88.9	100.8	97.6	88.8	94.2
平均回收率/%		98.4	96.0	95.9	86.8	89.2	95.5	95.2	90.9	95.8
标准偏差/%		3.56	3.19	4.21	3.87	4.04	4.56	4.61	3.32	3.33
相对标准偏差/%		3.61	3.32	4.38	4.45	4.52	4.77	4.83	3.65	3.47

表 4-27　皮革样品中添加 10mg/L 芳香胺的回收率和精密度试验结果

芳香胺编号		1	2	3	4	5	6	7	8	9
回收率/%	1	103.7	104.1	99.2	104.0	97.4	104.3	99.6	98.3	99.2
	2	105.4	98.9	101.8	104.5	98.8	104.3	101.4	103.3	102.2
	3	101.1	97.1	102.8	97.9	100.2	98.6	102.5	104.6	103.8
	4	101.3	101.5	97.8	99.0	104.8	101.2	102.9	104.2	92.5
	5	98.4	103.3	104.8	96.0	103.7	99.6	99.8	103.3	102.7
	6	98.1	103.0	103.9	103.6	101.4	97.5	104.7	101.5	100.2
平均回收率/%		101.40	101.35	101.7	100.9	101.1	100.9	101.8	102.5	100.1
标准偏差/%		2.88	2.77	2.72	3.65	2.85	2.89	1.95	2.33	4.11
相对标准偏差/%		2.84	2.73	2.68	3.62	2.82	2.86	1.91	2.28	4.11

表 4-28　木制样品中添加 10mg/L 芳香胺的回收率和精密度试验结果

芳香胺编号		1	2	3	4	5	6	7	8	9
回收率/%	1	100.7	101.2	101.5	98.7	99.8	102.2	102.0	103.8	101.7
	2	99.8	103.8	101.5	99.9	104.3	101.8	102.2	104.3	100.6
	3	104.9	103.5	104.8	99.5	104.4	103.2	101.6	104.1	94.4
	4	101.1	101.0	102.2	104.8	100.5	94.1	94.5	100.6	93.1
	5	99.6	104.2	101.8	100.8	100.0	96.4	94.3	100.3	95.4
	6	101.1	98.0	97.5	104.5	101.2	94.6	95.4	101.6	93.8
平均回收率/%		101.2	102.0	101.6	101.4	101.7	98.7	98.3	102.4	96.5
标准偏差/%		1.94	2.35	2.36	2.63	2.07	4.14	3.94	1.84	3.71
相对标准偏差/%		1.91	2.30	2.33	2.59	2.04	4.19	4.01	1.80	3.84

表 4-29　纸质样品中添加 10mg/L 芳香胺的回收率和精密度试验结果

芳香胺编号		1	2	3	4	5	6	7	8	9
回收率/%	1	93.0	98.0	93.7	92.0	91.8	92.2	92.6	93.3	102.5
	2	94.3	95.6	95.1	93.5	92.6	93.3	93.9	97.7	102.5
	3	102.9	102.5	100.6	103.5	92.9	97.6	93.8	102.1	99.2
	4	103.5	102.1	99.8	100.8	93.0	95.0	92.7	101.7	95.5
	5	99.0	101.7	104.2	96.8	99.9	99.1	97.9	96.6	103.3
	6	102.0	103.6	102.8	101.7	100.5	102.8	104.5	95.6	104.5
平均回收率/%		99.1	100.6	99.4	98.0	95.1	96.7	95.9	97.8	101.3
标准偏差/%		4.53	3.08	4.18	4.68	3.98	3.97	4.63	3.47	3.32
相对标准偏差/%		4.57	3.06	4.20	4.77	4.19	4.11	4.82	3.55	3.27

表 4-30　橡皮泥类样品中添加 10mg/L 芳香胺的回收率和精密度试验结果

芳香胺编号		1	2	3	4	5	6	7	8	9
回收率/%	1	103.3	92.1	105.9	92.8	91.6	86.8	82.5	87.0	90.5
	2	97.5	91.2	103.7	91.0	91.8	85.8	82.9	86.4	91.8
	3	99.7	95.6	105.5	92.8	94.4	87.6	85.4	87.8	96.7
	4	95.3	88.1	98.2	86.2	92.2	94.4	77.8	92.5	100.1
	5	94.8	86.2	97.6	85.8	91.2	93.0	78.2	91.9	95.7
	6	95.4	89.4	97.5	84.0	92.4	94.8	78.8	92.1	96.8
平均回收率/%		97.7	90.4	101.4	88.8	92.2	90.4	80.9	89.6	95.3
标准偏差/%		3.31	3.30	4.05	3.90	1.12	4.11	3.11	2.83	3.56
相对标准偏差/%		3.39	3.64	3.99	4.39	1.22	4.54	3.84	3.16	3.73

表 4-31　气球类样品中添加 10mg/L 芳香胺的回收率和精密度试验结果

芳香胺编号		1	2	3	4	5	6	7	8	9
回收率/%	1	94.4	101.8	100.6	105.2	99.3	86.5	88.1	85.8	87.1
	2	94.7	101.3	98.6	101.5	90.9	81.9	88.0	89.8	87.7
	3	101.8	104.5	102.3	104.0	99.2	85.3	90.1	92.7	95.8
	4	89.5	98.2	99.9	104.4	89.4	82.8	89.4	92.7	88.4
	5	91.4	99.2	95.7	103.7	91.1	84.0	92.6	86.2	86.7
	6	99.2	100.0	101.9	98.0	94.6	84.2	86.6	86.0	87.0
平均回收率/%		95.2	100.8	99.8	102.8	94.1	84.1	89.1	88.9	88.8
标准偏差/%		4.62	2.25	2.43	2.66	4.36	1.64	2.11	3.32	3.48
相对标准偏差/%		4.85	2.23	2.43	2.59	4.63	1.95	2.36	3.73	3.91

表 4-32　文身贴类样品中添加 10mg/L 芳香胺的回收率和精密度试验结果

芳香胺编号		1	2	3	4	5	6	7	8	9
回收率/%	1	92.2	99.8	100.3	100.9	101.7	95.6	85.1	86.8	86.3
	2	101.5	102.1	103.2	97.9	102.8	86.4	81.8	90.2	89.8
	3	92.2	99.8	96.3	104.6	91.8	95.9	86.6	94.2	91.1
	4	100.8	102.9	102.5	102.8	102.7	87.6	89.9	86.5	89.2
	5	93.2	94.4	98.8	96.9	104.6	88.8	88.6	88.3	91.4
	6	100.8	104.9	101.5	102.8	102.7	93.6	89.9	84.5	89.2
平均回收率/%		96.8	100.7	100.5	101.0	101.1	91.3	87.0	88.4	89.5
标准偏差/%		4.65	3.60	2.57	3.03	4.64	4.23	3.16	3.41	1.82
相对标准偏差/%		4.81	3.58	2.56	2.99	4.59	4.63	3.63	3.85	2.03

表 4-33　蜡笔样品中添加 10mg/L 芳香胺的回收率和精密度试验结果

芳香胺编号		1	2	3	4	5	6	7	8	9
回收率/%	1	95.1	104.0	98.9	104.0	97.1	100.6	104.0	103.4	98.7
	2	103.1	104.2	97.7	103.2	96.6	99.8	102.3	106.0	95.7
	3	104.6	102.3	104.9	102.6	104.5	104.6	97.0	101.4	103.7
	4	101.4	95.2	102.3	104.7	100.5	103.4	105.5	101.8	103.4
	5	99.4	96.8	103.9	101.6	99.1	102.0	104.2	104.6	97.6
	6	99.7	101.2	97.6	102.4	99.8	102.8	104.3	103.6	102.3
平均回收率/%		100.6	100.6	100.9	103.1	99.6	102.2	102.9	103.5	100.2
标准偏差/%		3.31	3.77	3.25	1.13	2.84	1.79	3.04	1.71	3.34
相对标准偏差/%		3.29	3.74	3.22	1.10	2.85	1.75	2.95	1.65	3.33

各类样品中添加 20mg/L 芳香胺的回收率和精密度试验结果见表 4-34～表 4-42。

表 4-34　儿童用品中的可接触液体样品中添加 20mg/L 芳香胺的回收率和精密度试验结果

芳香胺编号		1	2	3	4	5	6	7	8	9
回收率/%	1	104.1	102.8	99.1	104.3	88.4	97.6	104.3	104.1	92.0
	2	98.1	95.2	93.4	97.2	89.8	93.6	100.2	104.9	92.2
	3	101.6	105.8	102.8	101.8	98.5	94.8	106.1	103.4	98.9
	4	101.8	100.3	96.1	102.4	89.8	96.0	103.7	104.7	91.9
	5	97.0	98.3	92.2	95.9	88.1	92.5	99.4	103.7	88.9
	6	101.2	102.9	102.6	104.6	94.9	101.3	103.6	103.4	97.2
平均回收率/%		100.6	100.9	97.7	101.0	91.9	95.9	102.9	104.0	93.5
标准偏差/%		2.61	3.76	4.55	3.65	4.18	3.16	2.56	0.66	3.75
相对标准偏差/%		2.60	3.73	4.65	3.61	4.56	3.29	2.48	0.64	4.01

表 4-35　木质儿童用品样品中添加 20mg/L 芳香胺的回收率和精密度试验结果

芳香胺编号		1	2	3	4	5	6	7	8	9
回收率/%	1	92.1	91.3	94.2	96.1	98.4	95.8	98.8	99.7	99.7
	2	88.3	86.5	89.2	88.9	88.7	87.0	91.1	93.5	90.2
	3	94.3	91.5	89.9	97.8	88.5	91.3	99.5	95.1	95.4
	4	87.4	85.6	88.1	87.7	88.4	87.5	89.5	91.9	88.9
	5	89.2	86.5	90.5	89.7	87.7	88.6	94.1	97.3	90.6
	6	92.3	89.5	93.9	92.8	87.5	92.3	97.5	100.1	93.4
平均回收率/%		90.6	88.5	90.9	92.1	89.9	90.4	95.1	96.3	93.0
标准偏差/%		2.70	2.61	2.52	4.09	4.18	3.38	4.17	3.35	4.00
相对标准偏差/%		2.97	2.95	2.77	4.44	4.64	3.74	4.39	3.48	4.30

表 4-36　文身贴类样品中添加 20mg/L 芳香胺的回收率和精密度试验结果

芳香胺编号		1	2	3	4	5	6	7	8	9
回收率/%	1	98.6	98.9	98.5	98.5	98.5	99.2	98.2	98.4	99.1
	2	105.9	97.0	103.1	101.5	98.1	98.2	98.6	97.2	98.7
	3	100.8	99.3	98.7	99.4	99.7	99.8	99.6	99.5	99.6
	4	94.7	94.0	97.1	99.1	107.1	101.6	101.7	102.2	101.8
	5	93.6	92.8	96.2	97.9	106.1	101.2	101.0	101.6	101.0
	6	101.1	101.0	101.0	100.8	100.4	100.4	100.9	101.0	100.2
平均回收率/%		99.1	97.1	99.1	99.5	101.6	100.1	100.0	100.0	100.1
标准偏差/%		4.52	3.20	2.54	1.41	3.91	1.28	1.39	1.95	1.18
相对标准偏差/%		4.56	3.29	2.56	1.41	3.85	1.28	1.39	1.94	1.17

表 4-37　纸质样品中添加 20mg/L 芳香胺的回收率和精密度试验结果

芳香胺编号		1	2	3	4	5	6	7	8	9
回收率/%	1	105.6	98.4	96.0	88.4	88.2	90.0	91.9	90.1	100.4
	2	95.9	102.0	102.9	87.8	87.2	93.8	89.5	88.9	95.3
	3	101.1	99.1	103.2	93.9	95.6	95.2	89.5	86.3	99.6
	4	94.7	105.9	98.1	90.4	93.2	95.1	95.2	91.1	96.1
	5	105.3	97.7	105.6	92.4	95.1	93.2	93.2	90.4	102.7
	6	100.8	96.2	107.2	90.4	92.9	92.6	90.1	92.4	90.6
平均回收率/%		100.6	99.9	102.2	90.6	92.0	93.3	91.6	89.9	97.4
标准偏差/%		4.54	3.51	4.31	2.32	3.54	1.92	2.31	2.10	4.35
相对标准偏差/%		4.51	3.51	4.21	2.56	3.84	2.06	2.52	2.34	4.46

表 4-38　气球类样品中添加 20mg/L 芳香胺的回收率和精密度试验结果

芳香胺编号		1	2	3	4	5	6	7	8	9
回收率/%	1	89.2	93.5	90.2	96.4	87.7	90.3	94.4	90.9	99.1
	2	90.3	92.1	89.3	98.2	92.3	92.2	95.2	96.2	99.5
	3	95.2	94.4	91.2	96.3	89.4	92.4	102.3	95.1	100.8
	4	91.3	96.3	93.4	95.8	89.4	89.1	105.2	90.9	102.0
	5	92.1	94.2	93.7	98.1	90.1	89.3	97.0	88.5	100.0
	6	94.7	94.2	90.1	94.4	90.2	92.4	99.4	90.2	100.2
平均回收率/%		92.1	94.1	91.3	96.5	89.8	90.9	98.9	92.0	100.2
标准偏差/%		2.41	1.36	1.85	1.43	1.48	1.58	4.23	2.98	1.05
相对标准偏差/%		2.61	1.45	2.03	1.48	1.65	1.73	4.27	3.24	1.05

表 4-39　橡皮泥类样品中添加 20mg/L 芳香胺的回收率和精密度试验结果

芳香胺编号		1	2	3	4	5	6	7	8	9
回收率/%	1	105.9	96.9	98.5	93.1	99.1	86.4	93.1	96.1	93.5
	2	98.6	98.9	96.1	99.2	98.7	92.6	96.3	98.7	95.5
	3	94.7	99.3	97.1	98.2	99.6	89.5	100.4	98.5	99.1
	4	101.2	101.0	96.0	99.8	101.8	92.2	100.1	102.0	99.2
	5	96.6	105.3	102.0	100.2	101.0	93.6	102.2	102.1	93.0
	6	96.2	98.2	100.9	100.4	102.5	90.2	95.6	95.2	95.2
平均回收率/%		98.9	99.9	98.4	98.5	100.4	90.7	97.9	98.8	95.9
标准偏差/%		4.11	2.97	2.50	2.77	1.54	2.63	3.48	2.89	2.65
相对标准偏差/%		4.16	2.97	2.54	2.81	1.53	2.89	3.55	2.92	2.76

表 4-40　纺织类样品中添加 20mg/L 芳香胺的回收率和精密度试验结果

芳香胺编号		1	2	3	4	5	6	7	8	9
回收率/%	1	86.6	86.8	92.3	100.7	99.8	99.6	100.2	89.9	87.3
	2	88.8	88.1	93.6	90.5	92.6	99.7	99.1	87.2	88.8
	3	98.4	92.2	95.3	101.3	101.0	98.1	99.6	92.7	94.4
	4	88.1	87.4	85.6	94.3	92.3	91.3	89.8	87.8	89.1
	5	91.1	86.6	86.6	92.8	101.0	99.4	101.4	87.8	90.1
	6	90.7	87.3	86.8	91.7	92.4	90.9	93.0	88.8	91.4
平均回收率/%		90.6	88.1	90.0	95.2	96.5	96.5	97.2	89.0	90.2
标准偏差/%		4.16	2.08	4.18	4.66	4.51	4.23	4.67	2.05	2.46
相对标准偏差/%		4.59	2.36	4.64	4.89	4.67	4.38	4.80	2.31	2.73

表 4-41　皮革类样品中添加 20mg/L 芳香胺的回收率和精密度试验结果

芳香胺编号		1	2	3	4	5	6	7	8	9
回收率/%	1	92.1	91.2	94.2	96.3	98.3	89.7	100.0	101.1	85.2
	2	92.3	89.5	93.9	88.9	88.7	80.2	91.5	95.9	85.1
	3	88.6	93.5	88.6	97.8	87.5	85.4	97.5	92.3	83.5
	4	87.5	86.6	90.5	89.9	88.4	89.9	99.6	95.1	91.4
	5	89.2	85.5	89.7	88.1	87.7	83.4	88.6	93.4	90.1
	6	95.4	91.3	94.6	93.0	90.3	88.9	93.6	98.4	88.6
平均回收率/%		90.9	89.6	91.9	92.3	90.2	86.2	95.1	96.0	87.3
标准偏差/%		2.96	3.07	2.61	4.04	4.12	3.95	4.65	3.24	3.16
相对标准偏差/%		3.26	3.42	2.84	4.38	4.57	4.57	4.88	3.37	3.62

表 4-42　蜡笔样品中添加 20mg/L 芳香胺的回收率和精密度试验结果

芳香胺编号		1	2	3	4	5	6	7	8	9
回收率/%	1	98.1	102.8	102.8	95.3	98.5	96.0	104.9	89.2	90.0
	2	105.1	102.3	93.4	101.8	101.8	97.5	103.4	91.9	98.2
	3	102.6	105.5	99.1	98.2	102.4	104.8	103.4	90.0	92.9
	4	100.8	94.3	92.3	104.3	95.9	102.4	100.7	88.8	97.2
	5	97.0	98.7	101.1	95.9	104.6	95.2	99.1	92.2	98.9
	6	101.2	100.3	92.4	103.6	99.4	100.4	95.7	96.7	90.1
平均回收率/%		100.8	100.6	96.8	99.9	100.4	99.4	101.2	91.5	94.6
标准偏差/%		2.95	3.89	4.73	3.90	3.10	3.80	3.41	2.92	4.07
相对标准偏差/%		2.93	3.86	4.88	3.90	3.09	3.82	3.37	3.19	4.30

参 考 文 献

［1］ Vogt P F，Geralis J J. Ullmann's Encyclopedia of Industrial Chemistry：Vol A2 5th ed. Weinheim：WILEY-VCH，1985.

［2］ Weisburger J H. A perspective on the history and significance of carcinogenic and mutagenic N-substituted aryl compounds in human health. Mutat. Res.，1997，376 (1-2)：261-266.

［3］ Benigni R，Passerini L. Carcinogenicity of the aromatic amines：from structure-activity relationships to mechanisms of action and risk assessment. Mutat. Res，2002，511 (3)：191-206.

［4］ Ekici P，Leupold G，Parlar H. Degradability of selected azo dye metabolites in activated sludge systems. Chemosphere，2001，44 (4)：721-728.

［5］ Ward E M，Sabbioni G，DeBord D G，et al. Monitoring of Aromatic Amine Exposures in Workers at a Chemical Plant With a Known Bladder Cancer Excess. J Natl. Cancer Inst.，1996，88 (15)：1046-1053.

［6］ The Environment Agency，Pollution inventory (England and Wales). 2003.

［7］ Collier S W，Storm J E，Bronaugh R L. Reduction of Azo Dyes During in Vitro Percutaneous Absorption. Toxicol. Appl. Pharmacol.，1993，118 (1)：73-79.

［8］ Borros S，Barbera G，Biada J，et al. The use of capillary electrophoresis to study the formation of carcinogenic aryl amines in azo dyes. Dyes Pigments，1999，43 (3)：189-196.

［9］ European Commission，Off. J. Eur. Commun. 2002；L243：15.

［10］ Sanz Alaejos M，Ayala J H，González V，et al. Analytical methods applied to the determination of heterocyclic aromatic amines in foods. J. Chromatogr. B，2008，862 (1-2)：15-42.

［11］ BS EN 14362-1-2003.

［12］ Eskilsson C S，Davidsson R，Mathiasson L. Harmful azo colorants in leather：Determination based on their cleavage and extraction of corresponding carcinogenic aromatic amines using modern extraction techniques. J. Chromatogr. A，2002，955 (2)：215-227.

［13］ Ahlstrom L H，Raab J，Mathiasson L. Application of standard addition methodology for the determination of banned azo dyes in different leather types. Anal. Chim. Acta，2005，552 (1-2)：76-80.

［14］ Garrigos M C，Reche F，Marın M L. Determination of aromatic amines formed from azo colorants in toy products. J. Chromatogr. A，2002，976 (1-2)：309-317.

［15］ Rehorek A，Plum A. Characterization of sulfonated azo dyes and aromatic amines by pyrolysis gas chromatography/mass spectrometry. Anal. Bioanal. Chem.，2007，388 (8)：1653-1662.

［16］ Plum A，Engewald W，Rehorek A. Rapid qualitative pyrolysis GC-MS analysis of carcinogenic aromatic amines from dyed textiles. Chromatographia，2003，57 (1)：243-248.

［17］ Garrigos M C，Reche F，Marın M L，et al. Optimization of the extraction of azo colorants used in toy products. J. Chromatogr. A，2002，963 (1-2)：427-433.

［18］ DeBruin L S，Josephy P D，Pawliszyn J B. Soild-phase microextraction of monocyclic aromatic from bioiogicai fiuids. Anal. Chem.，1998，70 (9)：1986-1992.

［19］ Chang W Y，Sung Y H，Huang S D. Analysis of carcinogenic aromatic amines in water samples by solid-phase microextraction coupled with high-performance liquid chromatography. Anal. Chim. Acta，

2003，495 (1-2)：109-122.　.

[20]　Less M，Schmidt T C，vonLöw E，et al. Gas chromatographic determination of aromatic amines in water samples after solid-phase extraction and derivatization with iodine：Ⅱ. Enrichment. J. Chromatogr. A，1998，810 (1-2)：173-182.

[21]　Zhu L，Tay C B，Lee H K. Liquid-liquid-liquid microextraction of aromatic amines from water samples combined with high-performance liquid chromatography. J. Chromatogr. A，2002，963 (1-2)：231-237.

[22]　Reddy-Noone K，Jain A，Verma K K. Liquid-phase microextraction and GC for the determination of primary，secondary and tertiary aromatic amines as their iodo-derivatives. Talanta，2007，73 (4)：684-691.

[23]　Lambropoulou D A，Konstantinou I K，Albanis T A. Recent developments in headspace microextraction techniques for the analysis of environmental contaminants in different matrices. J. Chromatogr. A，2007，1152 (1-2)：70-96.

[24]　Carrick W A，Copper D A. Retrospective identification of chemical warfare agents by high-temperature automatic thermaldesorption-gas chromatography-mass spectrometry. J. Chromatogr. A，2001，925 (1-2)：241-249.

[25]　Juillet Y，Moullec S L，Begos A，et al. Analyst，2005，130，977-982.

[26]　Lopez P，Batlle R，Nerın C，et al. Use of new generation poly (styrene-divinylbenzene) resins for gas-phase trapping-thermal desorption：Application to the retention of seven volatile organic compounds. J. Chromatogr. A，2007，1139 (1)：36-44.

[27]　Tobias D E，Perlinger J A，Morrow PS，et al. Direct thermal desorption of semivolatile organic compounds from diffusion denuders and gas chromatographic analysis for trace concentration measurement. J. Chromatogr. A，2007，1140 (1-2)：1-12.

[28]　Helmig D，Vierling L. Water adsorption capacity of the solid adsorbents Tenax TA，Tenax GR，Carbotrap，Carbotrap C，Carbosieve SⅢ，and Carboxen 569 and water management techniques for the atmospheric sampling of volatile organic trace gases. Anal. Chem.，1995，67：4380-4386.

[29]　Gawlowski J，Gierczak T，Jezo A，et al. Adsorption of water vapour in the solid sorbents used for the sampling of volatile organic compounds. Analyst，1999，124 (11)：1553-1558.

[30]　GB/T 4615—1984.

[31]　GB/T 17592—2006.

[32]　EN71-11：2005.

[33]　王卉卉，牛增元，叶曦雯. 染色纺织品与皮革制品中 23 种禁用偶氮染料的高效液相色谱法测定. 分析测试学报，2009，28 (8)：944-948.

[34]　海勇，田树盛. 致癌芳香胺的检测. 印染助剂，2005，22 (9)：42-45.

[35]　钱毅，王绮，轩张宁. 染色纺织品上禁用偶氮染料薄层色谱法测定的研究. 现代商检科技，1996，6 (5)：1-4

[36]　刘志明，由天艳，汪尔康. 一种新型毛细管电泳柱端喷壁安培检测池. 分析化学，1998，26 (6)：786-791.

[37]　黄丽芳，李来生，刘超. 高效液相色谱-质谱法测定废水中芳香胺类化合物. 分析科学学报，2008，24 (3)：265-269.

[38]　陈章玉，杨光宇，缪明明等．在线固相萃取和高效液相色谱法测定卷烟主流烟气中几种芳胺．分析化学，2006，34（5）：679-682．

[39]　胡国华，芮振荣，卢大胜等．漆制餐具中多种芳香胺的测定．上海预防医学，2008，20（4）：203-206．

[40]　李英，张焱，荆瑞俊等．气相色谱-质谱法测定纺织品中的芳香胺化合物．印染，2006，3：40-42．

[41]　丁健桦，何海霞，林海禄等．离子液体-液相微萃取-高效液相色谱法测定纺织品中芳香胺．分析化学，2008，36（12）：1662-1666．

[42]　邵秋荣，方邢有，丁晓．气相-质谱法测定纺织品中由偶氮染料分解的24种芳香胺．分析试验室，2010，29：417-418．

5

儿童用品中挥发性有机物检测

5.1 苯系物及卤代烃残留量的测定

5.1.1 方法提要

本方法适用于塑料材质和纺织品材质的儿童用品中甲醇、二氯甲烷、正己烷、三氯乙烯、苯、甲苯、乙苯、邻二甲苯、间二甲苯、对二甲苯残留量的测定。

方法的基本原理是：将样品置于顶空瓶中，在 140℃ 温度下加热 45min，然后采用 DB-624 色谱柱分离，单四极杆质谱进行检测，外标法定量。方法对于各目标化合物的定量限（LOQ）均低于 0.66mg/kg，线性范围为 0.001~2.0μg，平均回收率为 79%~106%，相对标准偏差（RSD）为 0.4%~5.6%。该方法具有准确灵敏、简单快速等特点。

5.1.2 待测物质基本信息

待测物质基本信息见表 5-1。

表 5-1 待测物质基本信息

中文名称	CAS 号	分子式	相对分子质量	结构式
甲醇	67-56-1	CH_4O	32.04	$H_3C—OH$
二氯甲烷	75-09-2	CH_2Cl_2	84.93	$Cl \diagup \diagdown Cl$

续表

中文名称	CAS 号	分子式	相对分子质量	结构式
正己烷	110-54-3	C_6H_{14}	86.18	(结构式)
三氯乙烯	79-01-6	C_2HCl_3	131.39	(结构式)
苯	71-43-2	C_6H_6	78.11	(结构式)
甲苯	108-88-3	C_7H_8	92.14	(结构式)
乙苯	100-41-4	C_8H_{10}	106.17	(结构式)
邻二甲苯	95-47-6	C_8H_{10}	106.17	(结构式)
间二甲苯	108-38-3	C_8H_{10}	106.17	(结构式)
对二甲苯	106-42-6	C_8H_{10}	106.17	(结构式)

5.1.3 仪器与试剂

检测设备为 Agilent 6890/5973 气相色谱-质谱联用仪，配有电子轰击电离源和 Agilent 7694E 自动顶空进样器（见彩色插图 4）。辅助设备包括电子天平（感量为 0.001g）、粉碎机。

甲醇、二氯甲烷、正己烷、三氯乙烯、苯、甲苯、乙苯、邻二甲苯、间二甲苯、对二甲苯 10 种有机物的标准品纯度均大于 99%；丙酮（色谱纯）；实验用水为经 Milli-Q 净化系统过滤的去离子水；氦气（纯度＞99.999%）。

标准储备溶液：称取各物质的标准品 0.2g（精确至 1mg），分别置于已加入少量丙酮的 100mL 棕色容量瓶中，待溶解完全后用丙酮定容，浓度为 2mg/mL。

标准工作溶液：吸取以上标准储备溶液适量，用丙酮稀释至所需浓度的混合标准溶液。

5.1.4   分析步骤

将塑料材质的玩具样品用粉碎机粉碎，纺织品材质的玩具样品用剪刀剪碎，作为待测样品备用。在设定的色谱-质谱条件下，取待测样品 30mg 置于顶空瓶（容积为 20mL）内，立即盖上瓶盖，放入顶空自动进样装置，然后采用气相色谱-质谱进行分析。

实验条件如下。

① 顶空平衡温度：140℃；平衡时间：45min。

② 色谱柱：DB-624 柱（60m×0.25mm×1.4μm）。

③ 进样口温度：235℃。

④ 载气：高纯氦，流量为 0.6mL/min；分流进样，分流比为 10∶1。

⑤ 柱温升温程序：初始温度为 80℃，保持 1min 后以 5℃/min 的速率升至 150℃，然后以 2℃/min 的速率升至 160℃，保持 2min。

⑥ 离子源：电子轰击（EI）离子源，电离能量 70eV。

⑦ 离子源温度：230℃；四极杆温度：150℃；传输线温度：250℃。

⑧ 质量扫描范围（m/z）：29～140。

⑨ 溶剂延迟：5.4min。

根据样品中被测物含量情况，在设定的色谱条件下，在 0.001～2.0μg 的线性范围内选取 5～7 个点绘制标准工作曲线。

5.1.5   条件优化和方法学验证

5.1.5.1   顶空条件的选择

为了更好地选择顶空平衡温度和平衡时间条件，实验中以 ABS 塑料为基质制作了玩具阳性参照样品，其制作方法如下：将 ABS 塑料玩具样品用粉碎机粉碎，称取 20g 置于烧杯中，加入约 80mL 丙酮搅拌溶解呈略黏稠状，加入 0.2mg/mL 的待测物质标准溶液 1mL，搅拌混匀，倒入大表面皿，置于通风橱中自然风干。利用制作好的阳性样品为基准，摸索顶空平衡条件。

顶空平衡时间固定为 45min，考察平衡温度（70～150℃）对响应值的影响（见图 5-1）。由结果可见，响应值有随温度升高而增大的趋势。综合考虑塑料材质的耐热程度以及待测定的 10 种物质的沸点两方面因素，选择 140℃作为平衡温度。

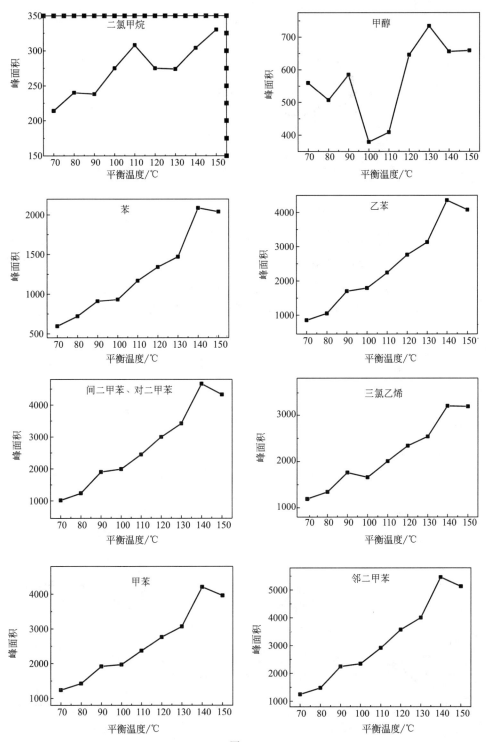

图 5-1

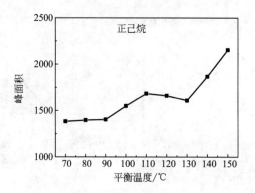

图 5-1 顶空平衡温度对峰面积的影响

平衡温度固定为 140℃，考察平衡时间（15～135min）对响应值的影响（见图 5-2）。由结果可见，在该平衡温度下，由于各物质沸点的差异，最佳平衡时间不尽相同。大多数物质在经过 45min 平衡以后，峰响应值变化不大，这表明顶空的气-固两相已基本达到平衡。综合考虑，选择 45min 作为平衡时间。

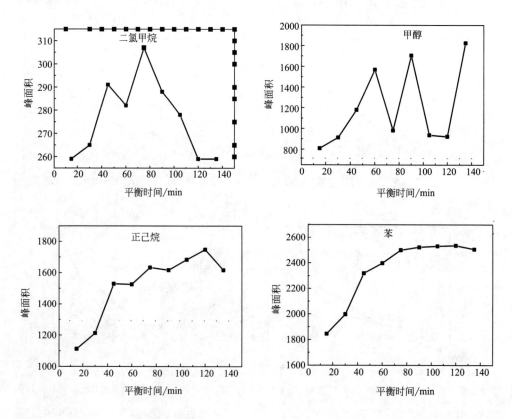

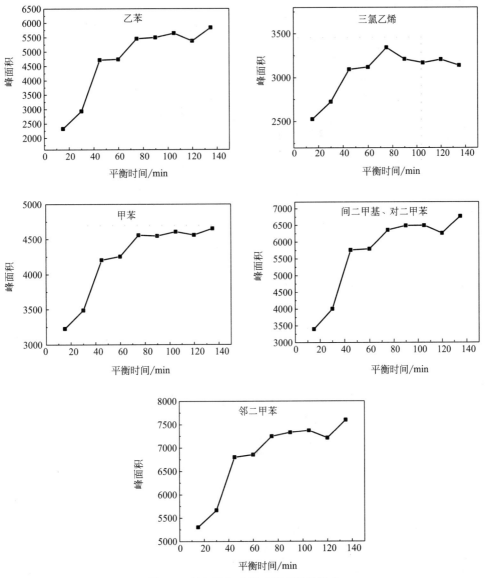

图 5-2　顶空平衡时间对峰面积的影响

5.1.5.2　色谱条件的选择

经过文献调研和试验，选择 Agilent DB-624（60m×0.25mm×1.4μm）气相色谱柱作为分析柱对上述 10 种物质进行分离。经过对初始柱温、程序升温的优化，整个分离过程在 18min 内即可完成。10 种物质中间二甲苯和对二甲苯未分开，将其合并为一种物质进行定量，其余物质均得到了良好的基线分离。典型色谱分离图见图 5-3，10 种目标化合物的色谱鉴别信息见表 5-2。

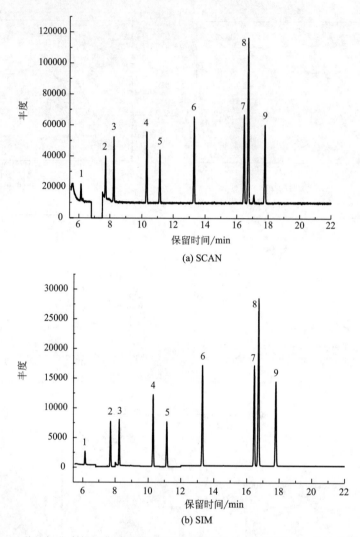

图 5-3   10 种目标化合物的典型色谱分离图（SCAN 为全扫描图，SIM 为选择离子图）

1—甲醇；2—二氯甲烷；3—正己烷；4—苯；5—三氯乙烯；6—甲苯；

7—乙苯；8—间二甲苯、对二甲苯；9—邻二甲苯

表 5-2   10 种目标化合物的色谱鉴别信息

化合物	保留时间/min	定量离子(m/z)	辅助定性离子(m/z)
甲醇	6.13	31	15/29
二氯甲烷	7.72	49	84/86
正己烷	8.24	57	43/86
苯	10.30	78	51/77
三氯乙烯	11.14	130	95/132

化合物	保留时间/min	定量离子(m/z)	辅助定性离子(m/z)
甲苯	13.29	91	65/92
乙苯	16.45	91	51/106
间二甲苯、对二甲苯	16.71	91	105/106
邻二甲苯	17.78	91	105/106

5.1.5.3 方法的线性关系和定量限

在本方法确定的实验条件下，配制标准混合溶液，以色谱峰面积为纵坐标，对应的各物质质量分数为横坐标，绘制标准工作曲线。结果表明，在线性范围内 10 种物质的质量分数与峰面积有良好的线性关系，线性相关系数均大于 0.994。以响应信号大于噪声 10 倍时对应的进样浓度作为定量限，确定各物质的定量限均小于 0.66mg/kg。结果如表 5-3 所列。

表 5-3　10 种物质的线性范围、线性方程、相关系数、方法的定量限

化合物	线性范围/μg	线性方程	相关系数	定量限/(mg/kg)
甲醇	0.001～2.0	$Y = 7495.62X + 1162.53$	0.9948	0.033
二氯甲烷	0.005～2.0	$Y = 2047.42X + 277.36$	0.9945	0.167
正己烷	0.01～2.0	$Y = 2449.57X + 116.13$	0.9954	0.33
苯	0.02～2.0	$Y = 7544.31X + 227.72$	0.9958	0.66
三氯乙烯	0.02～2.0	$Y = 2430.18X + 61.06$	0.9969	0.66
甲苯	0.01～2.0	$Y = 8404.34X + 205.51$	0.9976	0.33
乙苯	0.01～2.0	$Y = 10981.11X + 222.56$	0.9974	0.33
间二甲苯、对二甲苯	0.01～2.0	$Y = 15217.54X + 493.67$	0.9974	0.33
邻二甲苯	0.01～2.0	$Y = 7923.23X + 209.54$	0.9974	0.33

5.1.5.4 回收率和精密度

本文选用塑料玩具和布绒玩具样品进行添加回收和精密度实验，对于每种物质设定了三个添加浓度，按本方法所确定的实验条件，对每个添加浓度重复进行 6 次试验，方法对于不同有机物的平均回收率为 79%～106%，RSD 为 0.4%～5.6%。测试结果列于表 5-4 和表 5-5 中。

表 5-4　塑料玩具样品的回收率及精密度（$n=6$）

化合物	添加浓度/(mg/kg)	回收率/%	RSD/%
甲醇	0.033	97.3	3.6
	3.3	95.4	1.9
	33	95.2	1.2

续表

化合物	添加浓度/(mg/kg)	回收率/%	RSD/%
二氯甲烷	0.167	101.8	0.9
	3.3	98.9	1.8
	33	100.6	3.0
正己烷	0.33	96.3	1.5
	3.3	98.8	1.3
	33	99.7	2.2
苯	0.66	97.0	1.8
	6.6	96.5	0.7
	66	94.1	0.8
三氯乙烯	0.66	93.9	3.6
	6.6	96.7	1.1
	66	100.0	0.4
甲苯	0.33	101.3	3.5
	3.3	89.9	3.5
	33	79.4	2.5
乙苯	0.33	97.4	4.6
	3.3	83.4	3.3
	33	92.6	1.5
间二甲苯、对二甲苯	0.33	99.8	1.7
	3.3	81.2	1.7
	33	82.8	1.3
邻二甲苯	0.33	89.3	2.0
	3.3	80.8	2.7
	33	83.5	1.1

表 5-5　布绒玩具样品的回收率及精密度（$n=6$）

化合物	添加浓度/(mg/kg)	回收率/%	RSD/%
甲醇	0.033	94.0	1.3
	3.3	97.7	2.2
	33	88.2	0.7
二氯甲烷	0.167	95.4	5.6
	3.3	88.8	4.3
	33	97.5	0.8
正己烷	0.33	98.2	3.4
	3.3	93.5	3.7
	33	95.2	0.7

续表

化合物	添加浓度/(mg/kg)	回收率/%	RSD/%
苯	0.66	97.3	3.6
	6.6	92.2	3.0
	66	97.1	0.5
三氯乙烯	0.66	101.4	5.4
	6.6	91.3	3.0
	66	94.1	0.6
甲苯	0.33	94.6	2.6
	3.3	92.5	2.3
	33	93.6	0.6
乙苯	0.33	93.8	2.1
	3.3	93.1	2.4
	33	93.7	0.7
间二甲苯、对二甲苯	0.33	101.8	5.2
	3.3	91.4	1.6
	33	92.6	0.4
邻二甲苯	0.33	105.5	2.0
	3.3	91.7	1.7
	33	94.3	0.7

塑料玩具空白基质加标 3.3mg/kg 的色谱图见图 5-4。

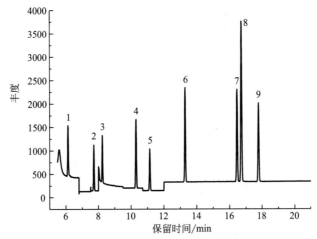

图 5-4　塑料玩具空白基质加标 3.3mg/kg 的色谱图

1—甲醇；2—二氯甲烷；3—正己烷；4—苯；5—三氯乙烯；6—甲苯；

7—乙苯；8—间二甲苯、对二甲苯；9—邻二甲苯布绒玩具空白基质加标 6.6mg/kg 的色谱图见图 5-5。

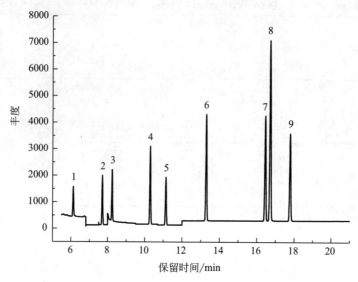

图 5-5　布绒玩具空白基质加标 6.6mg/kg 的色谱图

1—甲醇；2—二氯甲烷；3—正己烷；4—苯；5—三氯乙烯；6—甲苯；

7—乙苯；8—间二甲苯、对二甲苯；9—邻二甲苯

5.1.6　实际样品检测

对玩具中有机挥发物浓度检测之前，样本采集方式的不同及储存方法的不善，都会对检测结果产生一定影响。同一种玩具不同部位若含有不同的材料，或因某种需要而进行不同的工艺处理，有机挥发物的含量就有可能不同，但只要样本中有一个部位的含量过高，就有可能对人体造成伤害。所以在有机挥发物浓度检测过程中，取样部位很关键，有可能影响整个样本的判定结果。另外，样本的保管方式的不同也会导致检测结果的偏离，玩具中有机挥发物具有较强的挥发性，取样后如不及时进行实验，要放入容器内，防止物质的挥发，或者防止样品被弄湿，或与其他外界物质发生反应等。在本论文采样中，如不能及时做实验进行检验，应及时将样品放入聚乙烯包袋里保存，外包铝箔，防止其中的有机挥发物质通过包装袋的气孔散发。

本研究中采集国内市场上儿童用品样本 65 件，其中塑胶材质的儿童用品 35 件，纺织材质的儿童用品 30 件，对其中所含的有机挥发物含量进行检测。结果如表 5-6 所列。

表 5-6　玩具样本检测结果　　　　单位：mg/kg

样品编号	苯	甲苯	乙苯	二甲苯	二氯甲烷	三氯乙烯
塑胶样品 1	4.3	73.3	31.9	3.3	4.1	4.2
塑胶样品 3	9.3	7.2	7.6	10.3	5.2	7.6
塑胶样品 4	10.6	1.6	246.9	9.7	6.3	4.3
塑胶样品 8	2.2	7.1	6.5	2.4	1.2	2.7
塑胶样品 11	3.8	65.6	25.8	3.1	2.3	5.4
塑胶样品 16	8.5	35.6	11.5	5.3	3.1	4.6
塑胶样品 17	6.8	2.5	100.4	12.6	4.5	14.9
塑胶样品 21	5.8	52.8	22.5	5.6	3.8	10.8
塑胶样品 22	1.5	8.4	7.6	2.3	1.0	1.3
塑胶样品 23	1.6	45.6	2.8	5.4	1.2	2.3
塑胶样品 24	20.2	4.2	86.9	4.8	12.4	10.8
塑胶样品 28	20.6	11.2	6.8	24.2	11.6	7.8
塑胶样品 29	5.6	120.6	42.6	8.1	2.3	24.8
塑胶样品 32	1.2	5.6	6.3	1.8	0.8	2.3
塑胶样品 33	4.6	10	8.4	4.5	3.5	3.2
塑胶样品 35	10.9	32.5	20.4	8.5	16.8	6.4
布绒样品 3	1.6	2.4	1.1	1.5	2.3	1.1
布绒样品 4	0.8	2.1	0.3	1.4	1.5	0.9
布绒样品 5	2.9	4.6	5.2	2.6	2.6	1.8
布绒样品 6	7.8	1.8	3.6	10.2	7.5	9.2
布绒样品 9	0.9	6.3	7.1	1.2	0.8	3.1
布绒样品 11	8	4.2	3.9	1.6	7.2	2.6
布绒样品 12	3.2	2.5	2.7	4.1	2.3	2.1
布绒样品 14	7.9	4.4	6.7	12.8	6.7	3.5
布绒样品 15	6.5	2.8	5.6	10.5	4.6	4.1
布绒样品 16	8	8	8.3	4.5	3.8	5.3
布绒样品 17	4.8	6.9	4.5	3.4	7.7	5.3
布绒样品 19	1.4	1.9	2.3	0.7	1.6	1.8
布绒样品 20	4.1	2.1	1.8	1.6	3.8	3.2

样品编号	苯	甲苯	乙苯	二甲苯	二氯甲烷	三氯乙烯
布绒样品 21	1.8	1.9	2.4	2.4	0.9	1.4
布绒样品 23	4.2	3.6	5.2	2	3.7	4
布绒样品 26	2.5	3.8	6.5	1.9	3.1	2.3
布绒样品 27	3.1	2.4	1.6	1.9	2.6	1.8
布绒样品 30	1.5	3.1	3.6	2.7	1.4	4.1

5.2　苯系物及卤代烃迁移量的测定

5.2.1　方法提要

本方法适用于塑料材质和纸质的儿童用品中甲醇、二氯甲烷、正己烷、三氯乙烯、苯、甲苯、乙苯、邻二甲苯、间二甲苯、对二甲苯迁移量的测定。

方法的基本原理是：将样品在 30mL 去离子水中迁移 60min，得到的迁移液经 95℃、90min 静态顶空后，通过 60m DB-624 色谱柱分离，用质谱进行检测，外标法定量。方法对于不同有机物的定量限（LOQ）为 16.7～83.3μg/L，线性范围为 0.0167～16.67mg/L，线性相关系数均大于 0.9987。在 3 个浓度水平测得各物质的回收率为 81.4%～98.5%，相对标准偏差（$n=6$）为 1.3%～6.5%。该方法具有准确灵敏、简单快速，环保等特点，可用于玩具中有机物迁移量的检测。

5.2.2　仪器与试剂

检测设备为 Agilent 6890/5973 气相色谱-质谱联用仪，配有电子轰击电离源和 Agilent 7694E 自动顶空进样器。

甲醇、二氯甲烷、正己烷、三氯乙烯、苯、甲苯、乙苯、邻二甲苯、间二甲苯、对二甲苯 10 种有机物的标准品纯度均大于 99%；丙酮（色谱纯）；实验用水为经 Milli-Q 净化系统过滤的去离子水；氦气（纯度＞99.999%）。

标准储备溶液：准确称取 0.5g 甲醇和正己烷标准品至 100mL 棕色容量瓶中，丙酮定容，得到浓度为 5000mg/L 的标准储备溶液Ⅰ。称取 0.1g 苯等其余 8 种物质标准品至 100mL 棕色容量瓶中，丙酮定容，得到浓度为 1000mg/L 的标准储备溶液Ⅱ。用丙酮稀释，对于甲醇和正己烷，中间溶液的浓度范围为 25～5000mg/L。对于苯等其余 8 种物质，中间溶液的浓度范围为 5～500mg/L。

标准工作溶液：在顶空瓶中加入 1.5g 氯化钠和 3mL 去离子水，然后用微量注射器向顶空瓶中加入一系列浓度的中间溶液 10μL，迅速压紧瓶盖，得到标准工作溶液。

5.2.3 分析步骤

将玩具样品切割成面积大小为 (10±1)cm² 的待测样品，尽量为圆形或棱角较少的形状，使用不锈钢镊子将适量切割好的待测样品放入 100mL 锥形瓶中。在 20℃（±2℃）下加入 30mL 去离子水作为提取剂，塞紧瓶塞，放置于振荡器中，60r/min（±5r/min）转速下提取 60min。将提取溶液用玻璃棉过滤。

用移液管移取 3mL 提取溶液，加入盛有 1.5g 氯化钠的顶空瓶内，迅速压紧瓶盖，将顶空瓶放入自动进样装置，在 95℃平衡温度下平衡 90min，注入气相色谱-质谱进行分析。

实验条件如下。

① 顶空平衡温度：95℃；平衡时间：90min。

② 色谱柱：DB-624 柱（60m×0.25mm×1.4μm）。

③ 进样口温度：235℃。

④ 载气：高纯氦，流量为 0.6mL/min；分流进样，分流比为 10∶1。

⑤ 柱温升温程序：初始温度为 80℃，保持 1min 后以 5℃/min 的速率升至 150℃，然后以 2℃/min 的速率升至 160℃，保持 2min。

⑥ 离子源：电子轰击（EI）离子源，电离能量 70eV。

⑦ 离子源温度：230℃；四极杆温度：150℃；传输线温度：250℃。

⑧ 质量扫描范围（m/z）：29～140。

⑨ 溶剂延迟：5.4min。

5.2.4 条件优化和方法学验证

5.2.4.1 顶空条件的选择

本实验选取了去离子水、模拟汗液及模拟唾液三种提取溶剂，分别对含有此 10 种物质的玩具阳性样品进行迁移量测试，发现结果差异很小，因此选用最简单的去离子水作为提取溶剂。

　　以水作为提取液，因而顶空温度不易过高，同时考虑到甲苯、乙苯、二甲苯等物质沸点都较高，因此选择 95℃ 作为顶空平衡温度。由图 5-6 可知，在该平衡温度下，各物质色谱峰响应值在 90min 内有随顶空平衡时间的延长而增大的趋势，90min 后响应值变化不大，这表明顶空的气-液两相已基本达到平衡。由此，本实验中选择 90min 作为顶空平衡时间。

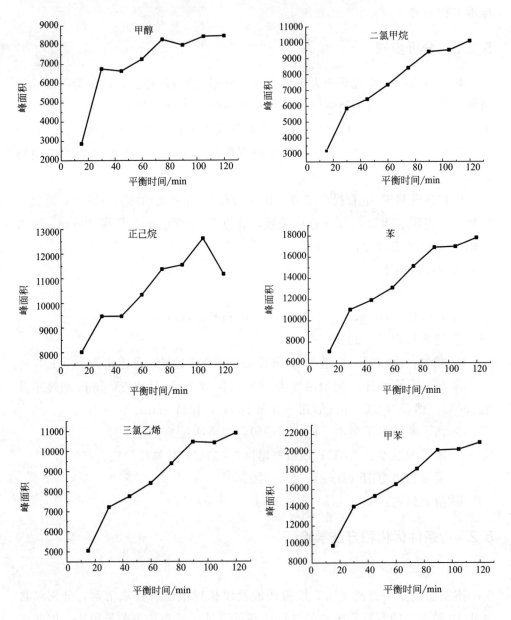

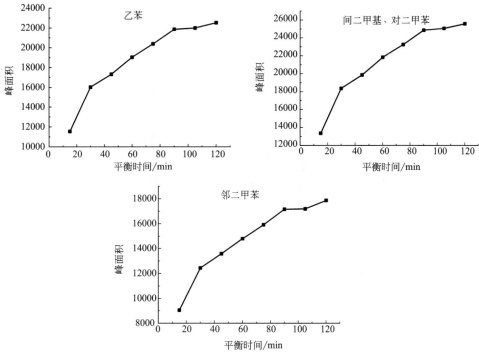

图 5-6　顶空平衡时间对峰面积的影响

5.2.4.2　色谱条件的选择

经过文献调研和试验，选择 Agilent DB-624（60m×0.25mm×1.4μm）气相色谱柱作为分析柱对上述 10 种物质进行分离。经过对初始柱温、程序升温的优化，10 种物质中的间二甲苯和对二甲苯未分开，将其合并为一种物质进行定量。其余几种物质均得到了良好的基线分离。10 种成分在 18min 内完成分离，可得到尖锐对称的色谱峰。典型色谱分离图见图 5-7。色谱鉴别信息见表 5-7。

表 5-7　10 种目标化合物的色谱鉴别信息

化合物	保留时间/min	定量离子（m/z）	辅助定性离子（m/z）
甲醇	6.13	31	15/29
二氯甲烷	7.72	49	84/86
正己烷	8.24	57	43/86
苯	10.30	78	51/77
三氯乙烯	11.14	130	95/132
甲苯	13.29	91	65/92
乙苯	16.45	91	51/106
间二甲苯、对二甲苯	16.71	91	105/106
邻二甲苯	17.78	91	105/106

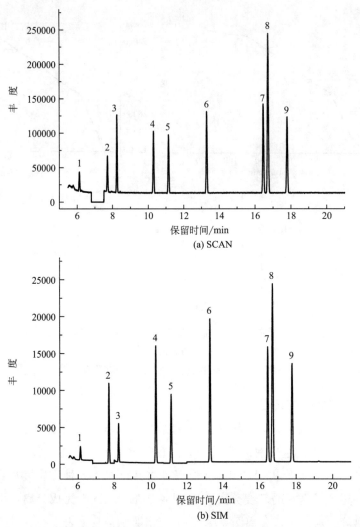

图 5-7　10 种目标化合物的典型色谱分离图（SCAN 为全扫描图，SIM 为选择离子图）
1—甲醇；2—二氯甲烷；3—正己烷；4—苯；5—三氯乙烯；6—甲苯；7—乙苯；
8—间二甲苯、对二甲苯；9—邻二甲苯

5.2.4.3　方法的线性关系和定量限

在设定的色谱条件下，将标准工作溶液按浓度从低到高依次进行测定，以得到的色谱峰的峰面积为纵坐标，对应的各物质在顶空瓶内的浓度为横坐标作图，绘制标准工作曲线。结果表明，各物质在其线性范围内，浓度值与峰面积有良好的线性关系，线性相关系数均大于 0.9987。以响应信号大于噪声标准偏差 10 倍时对应的进样浓度作为定量限，确定各物质的定量限均小于 83.3μg/L。结果如表 5-8 所列。

表 5-8　10 种物质的线性范围、线性方程、相关系数、方法的定量限

化合物	线性范围/(mg/L)	线性方程	相关系数	定量限/(µg/L)
甲醇	0.0833～16.7	$Y=240.72X+375.95$	0.9992	83.3
二氯甲烷	0.0167～3.33	$Y=3652.04X+532.01$	0.9995	16.7
正己烷	0.0833～16.7	$Y=6719.93X+662.90$	0.9995	83.3
苯	0.0167～1.67	$Y=14454.91X+667.83$	0.9992	16.7
三氯乙烯	0.0333～1.67	$Y=4573.50X+180.49$	0.9992	33.3
甲苯	0.0167～1.67	$Y=17412.97X+703.06$	0.9991	16.7
乙苯	0.0333～1.67	$Y=19816.53X+899.66$	0.9987	33.3
间二甲苯、对二甲苯	0.0167～1.67	$Y=27628.50X+1529.38$	0.9988	16.7
邻二甲苯	0.0333～1.67	$Y=15181.73X+562.28$	0.9990	33.3

5.2.4.4　回收率和精密度

本文选用贴纸类玩具样品作为空白进行添加回收和精密度实验，对于每种物质设定了三个添加浓度，按本方法所确定的实验条件，对每个添加浓度重复进行 6 次试验，本方法对于不同有机物的平均回收率为 81.4%～98.5%，RSD 为 1.3%～6.5%。测试结果列于表 5-9 中。

表 5-9　贴纸类玩具样品的回收率及精密度 （$n=6$）

化合物	添加浓度/(mg/kg)	回收率/%	RSD/%
甲醇	0.167	93.3	1.8
	1.67	82.9	2.6
	16.7	92.2	1.6
二氯甲烷	0.0333	89.4	2.9
	0.333	98.3	3.8
	1.67	89.7	5.8
正己烷	0.167	95.7	4.3
	1.67	93.9	4.9
	16.7	98.5	1.3
苯	0.0333	97.2	2.4
	0.333	87.4	5.7
	1.67	95.4	6.5
三氯乙烯	0.0333	88.4	2.0
	0.333	86.0	5.2
	1.67	95.5	4.5

化合物	添加浓度/(mg/kg)	回收率/%	RSD/%
甲苯	0.0333	93.2	3.9
	0.333	81.4	5.2
	1.67	93.5	5.7
乙苯	0.0333	82.9	4.3
	0.333	82.7	4.9
	1.67	94.8	4.9
间二甲苯、对二甲苯	0.0333	82.5	2.7
	0.333	82.3	4.7
	1.67	94.7	4.9
邻二甲苯	0.0333	82.4	3.3
	0.333	81.5	5.0
	1.67	93.5	5.3

5.2.5　实际样品检测

应用本检测方法，对从市场上购买到的 5 种塑料玩具样品和 5 种贴纸类玩具样品进行上述 10 种有机物迁移量的测定。10 种玩具样品中均检出甲醇、二氯甲烷、乙苯和二甲苯，其中 1 种塑料玩具样品中检出甲苯，但均未达到定量限，因此未能定量。

5.3　其他常见挥发性有机物残留量的测定

5.3.1　方法提要

本方法适用于塑料玩具中乙二醇单乙醚、2-甲氧基乙酸乙酯、苯乙烯、2-乙氧基乙酸乙酯、环己酮、双（2-甲氧基乙基）醚、三甲苯、硝基苯、异佛尔酮 9 种物质残留量的测定。

方法的基本原理是：不同材质的塑料玩具样品经相应溶剂提取，离心后的澄清溶液经 Envi-carb 石墨化碳固相萃取小柱净化，旋蒸、氮吹浓缩，甲醇定容，过 $0.2\mu m$ 滤膜后通过 60m DB-624 色谱柱分离，用质谱进行检测，外标法定量。方法对于不同物质的定量限（LOQ）为 $0.1\sim1.0mg/kg$，线性范围为 $0.05\sim100mg/L$，线性相关系数均大于 0.9995，在 3 个浓度水平上对方法的回收率和精密度做了试验。该方法具有准确、灵敏、操作简便等特点，可以用于玩具中乙二醇单乙醚等9种物质残留量的检测。

5.3.2 待测物质基本信息

待测物质基本信息见表5-10。

表 5-10 待测物质基本信息

中文名称	CAS 号	分子式	相对分子质量	结构式
乙二醇单乙醚	110-80-5	$C_4H_{10}O_2$	90.12	
2-甲氧基乙酸乙酯	110-49-6	$C_5H_{10}O_3$	118.13	
苯乙烯	100-42-5	C_8H_8	104.15	
2-乙氧基乙酸乙酯	817-95-8	$C_6H_{12}O_3$	132.16	
环己酮	108-94-1	$C_6H_{10}O$	98.14	
双(2-甲氧基乙基)醚	111-96-6	$C_6H_{14}O_3$	134.17	
三甲苯	95-63-6	C_9H_{12}	120.19	
硝基苯	98-95-3	$C_6H_5NO_2$	123.11	
异佛尔酮	78-59-1	$C_9H_{14}O$	138.21	

5.3.3　仪器与试剂

检测设备为 Agilent 6890/5973 气相色谱-质谱联用仪，配有电子轰击电离源和 Agilent 7694E 自动顶空进样器。辅助设备为真空旋转蒸发仪、切割研磨仪、离心机、氮吹仪、固相萃取和真空抽滤装置等；Oasis HLB、Sep-pak Florisil、Sep-pak 氨基 SPE 柱（美国 Waters 公司）；Chromabond Easy SPE 柱（德国 MN 公司）；Envi-carb 石墨化碳 SPE 柱（美国 Supelco 公司）；0.2μm 微孔滤膜。

乙二醇单乙醚、2-甲氧基乙酸乙酯、苯乙烯、2-乙氧基乙酸乙酯、环己酮、双（2-甲氧基乙基）醚、三甲苯、硝基苯、异佛尔酮 9 种物质的标准品均购自美国 Chemservice 公司；甲醇、丙酮（色谱纯）；氦气（>99.999%）。

标准储备溶液：称取各物质的标准品 0.1g（精确至 1mg）至 100mL 棕色容量瓶中，甲醇定容，得到浓度为 1000mg/L 的标准储备溶液。

标准工作溶液：吸取以上标准储备溶液适量，用甲醇稀释至所需浓度的工作溶液，对于乙二醇单乙醚，工作溶液的浓度范围为 0.5～100mg/L；对于苯乙烯、三甲苯和异佛尔酮，工作溶液的浓度范围为 0.05～100mg/L；对于2-甲氧基乙酸乙酯、2-乙氧基乙酸乙酯、环己酮、双（2-甲氧基乙基）醚和硝基苯，工作溶液的浓度范围为 0.1～100mg/L。置于 4℃ 下避光保存。

5.3.4　分析步骤

将玩具样品粉碎至小于 2mm×2mm×2mm，称取 1.0g 样品于 50mL 锥形瓶中，加入 10mL 相应溶剂（ABS 塑料用丙酮溶解，PS 塑料用二氯甲烷溶解，PVC 塑料用四氢呋喃溶解），超声振荡 15min。待溶解完全后，滴加10mL 甲醇，振摇直至塑料基质沉淀完全，将溶液移至离心管，再用 5mL 甲醇冲洗锥形瓶，然后合并至离心管中，在 10000r/min、4℃ 条件下离心10min，取澄清溶液待用。

用 5mL 甲醇润洗 Envi-carb 石墨化碳固相萃取小柱，将离心后的澄清溶液过柱，用 10mL 甲醇洗脱，收集所有过柱液体于鸡心瓶中。将溶液在10kPa、30℃ 条件下旋蒸至 5mL 左右，转移至带刻度的氮吹管中，然后用1mL 甲醇冲洗鸡心瓶，合并至氮吹管中，40℃ 下用缓氮气流吹至小于 2mL，定容至 2mL，将溶液过 0.2μm 微孔滤膜后供 GC-MS 测定。

实验条件如下。

① 色谱柱：DB-624 柱（60m×0.25mm×1.4μm）。

② 进样口温度：235℃。

③ 载气：高纯氦，流量为 1.0mL/min；分流进样，分流比为 10:1。

④ 柱温升温程序：初始温度为 40℃，保持 1min 后以 5℃/min 的速率升至 120℃，然后以 3℃/min 的速率升至 150℃，以 15℃/min 的速率升至 230℃，保持 5min。

⑤ 离子源：电子轰击（EI）离子源，电离能量 70eV。

⑥ 离子源温度：230℃；四极杆温度：150℃；传输线温度：250℃。

⑦ 质量扫描范围（m/z）：30～150。

⑧ 溶剂延迟：12min。

5.3.5　条件优化和方法学验证

5.3.5.1　色谱条件的选择

经过文献调研和试验，选择 Agilent DB-624（60m×0.25mm×1.4μm）气相色谱柱作为分析柱对 9 种物质进行分离。经过对初始柱温、程序升温的优化，9 种物质在 34min 内均得到了良好的基线分离，且可得到尖锐对称的色谱峰。典型色谱分离图见图 5-8，色谱鉴别信息见表 5-11。

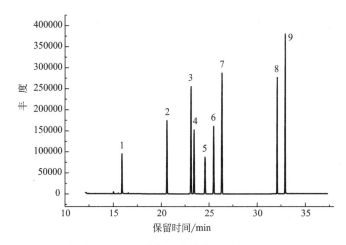

图 5-8　9 种目标化合物的典型色谱分离图

1—乙二醇单乙醚；2—2-甲氧基乙酸乙酯；3—苯乙烯；4—2-乙氧基乙酸乙酯；

5—环己酮；6—双（2-甲氧基乙基）醚；7—三甲苯；8—硝基苯；9—异佛尔酮

表 5-11　9 种目标化合物的色谱鉴别信息

化合物	保留时间/min	定量离子（m/z）	辅助定性离子（m/z）
乙二醇单乙醚	15.92	59	31/45

续表

化合物	保留时间/min	定量离子(m/z)	辅助定性离子(m/z)
2-甲氧基乙酸乙酯	20.58	43	45/58
苯乙烯	23.12	104	78/103
2-乙氧基乙酸乙酯	23.44	43	59/72
环己酮	24.58	55	42/98
双(2-甲氧基乙基)醚	25.48	59	45/58
三甲苯	26.34	105	119/120
硝基苯	32.09	77	51/123
异佛尔酮	32.92	82	54/138

5.3.5.2　固相萃取条件的选择

玩具基质比较复杂，固相萃取的作用主要是除去玩具塑料基质中的颜色以及其他一些杂质。本文分别考察了 5 种固相萃取柱：Oasis HLB、Sep-pak Florisil、Sep-pak NH2、Chromabond Easy 和 Envi-carb 石墨化碳柱的萃取效果。首先将各萃取柱用甲醇活化，然后将 25mL 浓度为 10mg/L 的模拟溶液（配制方法：取样品前处理步骤中经离心后的澄清溶液 20mL，添加 50mg/L 的全混标准溶液 5mL）通过固相萃取柱，用甲醇洗脱。收集所有过柱溶液，供 GC-MS 测定。结果表明，Envi-carb 石墨化碳柱对玩具塑料基质的净化作用最好，用 10mL 甲醇洗脱，既可完全洗脱目标物又能将颜色等杂质保留在柱上。

5.3.5.3　方法的线性关系和定量限

在设定的色谱条件下，将标准工作溶液按浓度从低到高依次进行测定，以得到的色谱峰的峰面积为纵坐标，对应的各物质的进样浓度为横坐标作图，绘制标准工作曲线。结果表明，各物质在其线性范围内，浓度值与峰面积有良好的线性关系，线性相关系数均大于 0.9995。

本方法以响应信号大于噪声 10 倍时对应的物质含量作为定量限，确定各物质的定量限均小于 1.0mg/kg。结果如表 5-12 所列。

表 5-12　9 种物质的线性范围、线性方程、相关系数、方法的定量限

化合物	线性范围/(mg/L)	线性方程	相关系数	定量限/(mg/kg)
乙二醇单乙醚	0.5~100	$Y=1321.61X+223.11$	0.9999	1.0
2-甲氧基乙酸乙酯	0.1~100	$Y=3100.59X+3313.42$	0.9995	0.2
苯乙烯	0.05~100	$Y=5836.29X+6004.26$	0.9996	0.1
2-乙氧基乙酸乙酯	0.1~100	$Y=2823.56X+2408.84$	0.9996	0.2

化合物	线性范围 /(mg/L)	线性方程	相关系数	定量限 /(mg/kg)
环己酮	0.1～100	$Y=2340.10X+2360.20$	0.9996	0.2
双(2-甲氧基乙基)醚	0.1～100	$Y=3443.15X+2341.30$	0.9997	0.2
三甲苯	0.05～100	$Y=7637.25X+8020.54$	0.9996	0.1
硝基苯	0.1～100	$Y=3731.88X+1647.35$	0.9997	0.2
异佛尔酮	0.05～100	$Y=6819.80X+6041.43$	0.9995	0.1

5.3.5.4　回收率和精密度

以 ABS 塑料为空白基质，对于每种物质设定了 3 个添加浓度，按本方法所确定的实验条件，对每个添加浓度重复进行 6 次试验。结果发现，除三甲苯以外物质的平均回收率为 70%～94%，三甲苯回收率较低，原因可能是三甲苯的饱和蒸气压较大，在旋蒸过程中损失较多。本方法对于不同物质的 RSD 为 2.8%～6.5%。由于苯乙烯作为单体在 ABS 和 PS 塑料中含量较大，我们是以 PVC 塑料作为空白对其进行回收率测定。详细测试结果列于表 5-13 中。

表 5-13　本方法的回收率及精密度（$n=6$）

化合物	添加浓度/(mg/kg)	回收率/%	RSD/%
乙二醇单乙醚	1.0	84	5.2
	20	86	3.7
	200	80	4.4
2-甲氧基乙酸乙酯	0.2	75	5.7
	20	76	6.5
	200	78	5.0
苯乙烯	0.1	80	4.4
	20	85	3.9
	200	82	4.0
2-乙氧基乙酸乙酯	0.2	78	6.5
	20	85	6.0
	200	77	4.4
环己酮	0.2	75	6.2
	20	75	5.4
	200	70	3.1
双(2-甲氧基乙基)醚	0.2	82	5.2
	20	86	3.8
	200	79	4.1

续表

化合物	添加浓度/(mg/kg)	回收率/%	RSD/%
三甲苯	0.1	51	5.4
	20	49	5.5
	200	47	5.4
硝基苯	0.2	88	4.2
	20	89	2.8
	200	85	4.5
异佛尔酮	0.1	82	4.3
	20	94	3.1
	200	84	4.0

5.3.6　实际样品检测

应用本方法，对从市场上购买到的 7 种 ABS 材质玩具样品进行上述 9 种有机物残留量的测定。由结果可知，7 种玩具中均检出苯乙烯，含量分别为 347mg/kg、81mg/kg、582mg/kg、325mg/kg、127mg/kg、164mg/kg 和 245mg/kg，其余 8 种物质在这 7 种玩具样品中未检出。

5.4　其他常见挥发性有机物迁移量的测定

5.4.1　方法提要

本方法适用于塑料玩具中乙二醇单乙醚、2-甲氧基乙酸乙酯、2-甲基丙醇乙酸酯、苯乙烯、2-乙氧基乙酸乙酯、环己酮、双（2-甲氧基乙基）醚、三甲苯、硝基苯、异佛尔酮 10 种物质迁移量的测定。

方法的基本原理是：样品在 25mL 去离子水中迁移 60min，得到的迁移液流经 Chromabond Easy 固相萃取柱，用乙酸乙酯洗脱 5 次，每次 1mL。洗脱液过滤膜后通过 60m DB-624 色谱柱分离，用质谱进行检测，外标法定量。本方法对于不同有机物的定量限（LOQ）为 0.01~0.1mg/L，线性范围为 0.05~100mg/L，线性相关系数均大于 0.9988，在 3 个浓度水平上对方法的回收率和精密度做了试验，测得各物质的回收率及相对标准偏差（$n=6$）依次为 81.0%~110.3% 及 1.7%~5.1%。该方法具有准确灵敏、简单快速等特点，可以用于玩具中有机物迁移量的检测。

5.4.2　仪器与试剂

检测设备为 Agilent 6890/5973 气相色谱-质谱联用仪，配有电子轰击电离源和 Agilent 7694E 自动顶空进样器。辅助设备为振荡器、固相萃取和真空抽滤装置等。

乙二醇单乙醚、2-甲氧基乙酸乙酯、2-甲基丙醇乙酸酯、苯乙烯、2-乙氧基乙酸乙酯、环己酮、双（2-甲氧基乙基）醚、三甲苯、硝基苯、异佛尔酮10 种物质的标准品均购自美国 Chemservice 公司；甲醇、乙酸乙酯均为色谱纯；固相萃取柱：Chromabond Easy（MN 公司），Oasis HLB Cartridge（Waters 公司），Orochem C18（Orochem 公司）。实验用水为经 Milli-Q 净化系统过滤的去离子水；氦气（>99.999%）。

标准储备溶液：称取各物质的标准品 0.1g（精确至 1mg）至 100mL 棕色容量瓶中，甲醇定容，得到浓度为 1000mg/L 的标准储备溶液，置于 4℃ 下避光保存。

标准工作溶液：吸取适量标准储备溶液，用甲醇稀释至所需浓度的工作溶液，对于乙二醇单乙醚，工作溶液的浓度范围为 0.5～100mg/L。对于 2-甲基丙醇乙酸酯和三甲苯，工作溶液的浓度范围为 0.05～100mg/L。对于其余 7 种物质，工作溶液的浓度范围为 0.1～100mg/L。

5.4.3　分析步骤

实验选取了去离子水、模拟汗液及模拟唾液三种提取溶剂，分别对含有此 10 种物质的玩具阳性样品进行迁移量测试，发现结果差异很小，因此选用去离子水作为提取溶剂。

选取玩具样品中较为平整的部分（便于测量其表面积），切割出总表面积为 20cm² 的待测组分，尽量为圆形或棱角较少的形状，如果所选部分的厚度大于 1mm，则将其截面面积也记入总面积中。使用不锈钢镊子将切割好的待测样品放入 100mL 锥形瓶中。在 20℃（±2℃）下加入 25mL 去离子水作为迁移溶剂，塞紧瓶塞，放置于振荡器中，于 60r/min（±5r/min）转速下提取 60min。

将得到的迁移溶液通过提前经 5mL 去离子水平衡的 Chromabond Easy 固相萃取柱，将萃取柱中的水抽干后用乙酸乙酯洗脱，洗脱 5 次，每次用量为 1mL，真空抽滤直至萃取柱中洗脱液全部滴下，收集洗脱液。将洗脱液用无水硫酸钠除水，经 0.45μm 微孔滤膜过滤后供 GC-MS 测定。

实验条件如下。

① 色谱柱：DB-624 柱（60m×0.25mm×1.4μm）。

② 进样口温度：235℃。

③ 载气：高纯氦，流量为 1.0mL/min；分流进样，分流比为 10∶1。

④ 柱温升温程序：初始温度为 40℃，保持 1min 后以 5℃/min 的速率升至 120℃，然后以 3℃/min 的速率升至 150℃，以 15℃/min 的速率升至 230℃，保持 5min。

⑤ 离子源：电子轰击（EI）离子源，电离能量 70eV。

⑥ 离子源温度：230℃；四极杆温度：150℃；传输线温度：250℃。

⑦ 质量扫描范围（m/z）：29～150。

⑧ 溶剂延迟：12min。

5.4.4　条件优化和方法学验证

5.4.4.1　色谱条件的选择

经过文献调研和试验，选择 Agilent DB-624（60m×0.25mm×1.4μm）气相色谱柱作为分析柱对 10 种物质进行分离。经过对初始柱温、程序升温的优化，10 种物质均得到了良好的基线分离。10 种成分在 34min 内就可完成分离，且可得到尖锐对称的色谱峰。典型色谱分离图见图 5-9。色谱鉴别信息见表 5-14。

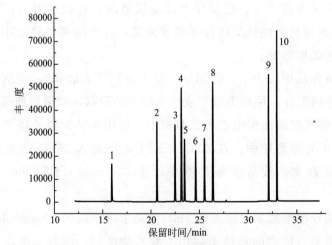

图 5-9　10 种目标化合物的典型色谱分离图

1—乙二醇单乙醚；2—2-甲氧基乙酸乙酯；3—2-甲基丙醇乙酸酯；4—苯乙烯；5—2-乙氧基乙酸乙酯；

6—环己酮；7—双（2-甲氧基乙基）醚；8—三甲苯；9—硝基苯；10—异佛尔酮

表 5-14 10 种目标化合物的色谱鉴别信息

化合物	保留时间/min	定量离子(m/z)	辅助定性离子(m/z)
乙二醇单乙醚	15.96	59	31/45
2-甲氧基乙酸乙酯	20.64	43	45/58
2-甲基丙醇乙酸酯	22.51	59	31/43
苯乙烯	23.17	104	78/103
2-乙氧基乙酸乙酯	23.50	43	59/72
环己酮	24.65	55	42/98
双(2-甲氧基乙基)醚	25.54	59	45/58
三甲苯	26.41	105	119/120
硝基苯	32.13	77	51/123
异佛尔酮	32.97	82	54/138

5.4.4.2 固相萃取条件的选择

本文分别以甲醇和乙酸乙酯作为洗脱剂考察了 3 种反相固相萃取柱：Oasis HLB、Orochem C18 和 Chromabond Easy 对 10 种物质的萃取效果（见图 5-10 和图 5-11）。首先将萃取柱用 5mL 甲醇活化（Chroma bond Easy 柱为免活化柱）、5mL 去离子水平衡，然后将 25mL 浓度为 5mg/L 的 10 种物质混合模拟溶液通过固相萃取柱，用甲醇或乙酸乙酯洗脱 5 次，每次 1mL。收集洗脱液，供 GC-MS 测定。结果表明，无论以甲醇还是乙酸乙酯作为洗脱剂，Orochem C18 的萃取效果较差，Oasis HLB 和 Chromabond Easy 的萃取效果相似，但是 Oasis HLB 对乙二醇单乙醚的回收率很低，不符合要求。综合考虑，选择 Chromabond Easy 固相萃取柱。

5.4.4.3 洗脱溶剂的选择

考察了甲醇、乙酸乙酯、甲醇-乙酸乙酯（体积比 1∶1） 3 种不同的洗脱溶剂对 10 种物质在 Chromabond Easy 固相萃取柱上的洗脱能力。根据洗脱曲线，以乙酸乙酯作为洗脱液时，回收率最佳。实验表明，每次用 1mL 乙酸乙酯洗脱，经过 5 次可将吸附在固相萃取柱上的待测物质洗脱完全。

5.4.4.4 方法学验证

在本方法确定的实验条件下，配制标准混合溶液，以色谱峰面积为纵坐标，对应的各物质进样浓度为横坐标，绘制标准工作曲线。结果表明，各物质在其线性范围内，浓度值与峰面积有良好的线性关系，线性相关系数均大于 0.9988。以响应信号大于噪声标准偏差 10 倍时对应的样品迁移溶液浓度作为定量限，确定各物质的定量限均小于 0.1mg/L。结果如表 5-15 所列。

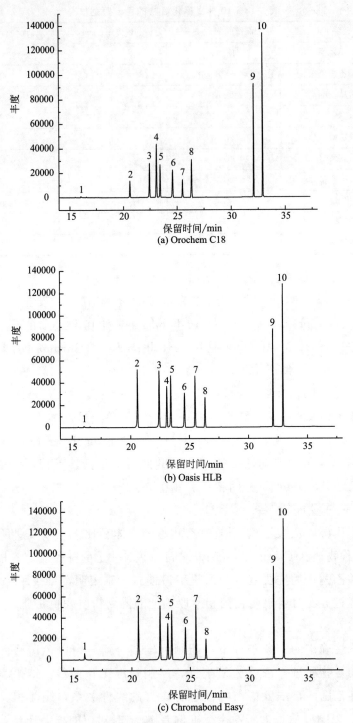

图 5-10　甲醇洗脱时 3 种固相萃取柱对 10 种物质的回收色谱图

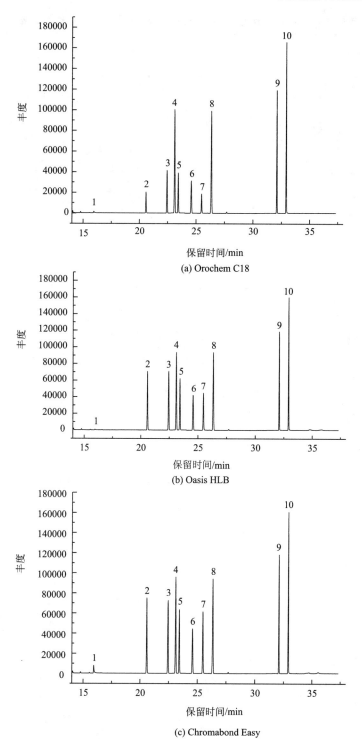

图 5-11　乙酸乙酯洗脱时 3 种固相萃取柱对 10 种物质的回收色谱图

表 5-15 10 种物质的线性范围、线性方程、相关系数、方法的定量限

化合物	线性范围 /(mg/L)	线性方程	相关系数	定量限 /(mg/kg)
乙二醇单乙醚	0.5~100	$Y=677.28X+455.02$	0.9992	0.1
2-甲氧基乙酸乙酯	0.1~100	$Y=1487.40X+2325.57$	0.9991	0.02
2-甲基丙醇乙酸酯	0.05~100	$Y=2277.37X+3488.44$	0.9991	0.01
苯乙烯	0.1~100	$Y=3056.15X+4499.51$	0.9992	0.02
2-乙氧基乙酸乙酯	0.1~100	$Y=1374.65X+1977.27$	0.9991	0.02
环己酮	0.1~100	$Y=1106.60X+1891.01$	0.9988	0.02
双(2-甲氧基乙基)醚	0.1~100	$Y=1754.99X+2374.17$	0.9992	0.02
三甲苯	0.05~100	$Y=3731.48X+5566.97$	0.9993	0.01
硝基苯	0.1~100	$Y=1951.51X+1989.54$	0.9992	0.02
异佛尔酮	0.1~100	$Y=3483.06X+5602.37$	0.9989	0.02

我们对于每种物质设定了 3 个添加浓度，按本方法所确定的实验条件，对每个添加浓度重复进行 6 次试验，本方法对于不同有机物的平均回收率为 81.0%~110.3%，RSD 为 1.7%~5.1%。测试结果列于表 5-16 中。

表 5-16 本方法的回收率及精密度（$n=6$）

化合物	添加浓度/(mg/kg)	回收率/%	RSD/%
乙二醇单乙醚	0.1	92.0	5.1
	2.0	96.8	4.3
	20	81.0	2.3
2-甲氧基乙酸乙酯	0.02	100.2	4.4
	2.0	94.4	3.7
	20	109.8	2.8
2-甲基丙醇乙酸酯	0.01	105.8	4.5
	2.0	94.9	4.0
	20	107.0	2.7
苯乙烯	0.02	95.7	3.0
	2.0	96.1	3.6
	20	91.3	3.7
2-乙氧基乙酸乙酯	0.02	100.2	4.3
	2.0	94.6	3.7
	20	109.6	2.8
环己酮	0.02	95.3	3.9
	2.0	93.8	4.1
	20	109.8	1.7

续表

化合物	添加浓度/(mg/kg)	回收率/%	RSD/%
双(2-甲氧基乙基)醚	0.02	91.8	4.1
	2.0	94.0	4.2
	20	106.3	3.0
三甲苯	0.01	86.0	3.2
	2.0	96.6	3.1
	20	81.8	3.3
硝基苯	0.02	108.3	4.3
	2.0	93.9	4.1
	20	107.9	2.7
异佛尔酮	0.02	104.9	4.9
	2.0	95.7	3.4
	20	110.3	2.7

5.4.5 实际样品检测

应用上述方法，对从市场上购买到的9种玩具样品（其中包括3种塑料玩具样品，4种贴纸类玩具样品，2种气球样品）进行上述10种有机物迁移量的测定。本文所关注的10种物质在这9种玩具样品中均未检出。

参 考 文 献

[1] 陈锦，邓丽霞，郑覆康. 苯，甲苯，二甲苯及其联合作用对暴露工人的遗传毒性. 中国工业医学杂志，1997，10（4）：217-219.

[2] 黄开莲. 二氯甲烷对人危害研究进展. 铁道劳动安全卫生与环保，1996，23（3）：210-212.

[3] 杨文，张林，唐传蓉. 急性甲醇中毒11例临床分析. 内科急危重症杂志，2009，15（1）：45-46.

[4] 张伟亚，李英，刘丽等. 顶空进样气质联用法测定涂料中12种卤代烃和苯系物. 分析化学，2003，31（2）：212-216.

[5] 许瑛华，朱炳辉，钟秀华等. 顶空气相色谱法测定化妆品中15种挥发性有机溶剂残留. 色谱，2010，28（1）：73-77.

[6] 陈芸，杨海英. 纺织品有机挥发物的测定. 印染，2005，31（12）：33-37.

[7] 刘贵忠，汤洪汉，王忠友等. 漆包线残留挥发性有机物HS-GC-MS法测定分析. 电线电缆，2004，（2）：28-30.

[8] 谢国辉，黄振辉，黄海雄等. 室内装修材料有机挥发物测定及其微核试验观察. 华南预防医学，2002，28（4）：52-53.

[9] 卢志刚，蔡建和，封亚辉等. 纺织铺地物中挥发性有机物的测定（一）. 印染，2009，（8）：39-43.

[10] 吴惠勤，朱志鑫，黄晓兰等. 汽车装饰材料挥发性有机物的气相色谱-质谱法测定. 分析测试学报，2008，27（7）：705-708.

[11] 沈齐英，刘录．正己烷毒性作用的研究．中国公共卫生，2002，18（2）：177-178.

[12] 吕玲，邹和建．苯中毒的研究进展．中华劳动卫生职业病杂志，2003，21（6）：457-458.

[13] 李宁，刘杰民，温美娟等．顶空固相微萃取-气相色谱法测定环保水性涂料中的挥发性有机物．分析试验室，2005，24（5）：24-28.

[14] 李勇，杜鹃．顶空固相微萃取气质联用对硒鼓中挥发性有机物的研究．分析试验室，2009，28（S1）：272-274.

[15] 李伟，常宇文，赵玉琪等．与塑料包装接触的含水食品中苯系物测定．包装工程，2008，29（9）：53-55.

[16] 王晓兵．包装材料中挥发性有机污染物检测及迁移规律研究．无锡：江南大学，2009.

[17] 杨左军，张伟亚，潘坤永．SPME-GC法测定塑料玩具制品在模拟汗液浸泡液中的DEHP．检验检疫科学，2002，12（4）：8-10.

[18] 杨左军，张伟亚，潘坤永．模拟唾液浸泡塑料玩具溶出的邻苯二甲酸二（乙基己基）酯的固相微萃取-气相色谱法测定．分析测试学报，2003，22（2）：34-36.

[19] 刘崇华，王慧，王劲松等．玩具有害化学物质检测进展．化学试剂，2009，31（5）：347-351.

[20] 吕庆，张庆，康苏媛等．顶空气相色谱-质谱法测定玩具中的10种挥发性有机物．色谱，2010，28（8）：800-804.

[21] 杜强国．塑料工业手册：苯乙烯系列树脂．北京：化学工业出版社，2004.

[22] 胡光辉．环保玩具涂料的质量掌控．中外玩具制造，2008，（4）：82-87.

[23] 周相娟，赵玉琪，李伟等．顶空气相色谱法同时测定食品包装中残留乙苯和苯乙烯单体．食品研究与开发，2010，31（10）：144-147.

[24] 陈会明，王超，王星等．毛细管气相色谱法检测水性涂料中三种乙二醇醚．理化检验-化学分册，2006，42（5）：374-376.

[25] 刁春鹏，赵汝松，柳仁民等．分散液相微萃取-气相色谱/质谱快速分析水中的硝基苯类化合物．分析试验室，2009，28（6）：9-12.

[26] 陈丽，杨长志，刘永等．气相色谱法测定水产品中硝基苯残留量．化学工程师，2010，（6）：26-29.

[27] 雷兴红，张敏，张钦龙．气相色谱法测定工作场所空气中三甲苯．中国卫生检验杂志，2006，16（4）：429-430.

[28] 康莉，陈卫，陈春晓等．工作场所空气中异佛尔酮的直接进样气相色谱测定法．职业与健康，2006，22（18）：1428-1430.

[29] 刘晓茹，高继军，刘玲花等．GC-MS法测定水源水中的半挥发性有机物．分析测试学报，2004，23（S1）：183-186.

[30] 刘鹏，张兰英，焦雁林等．高效液相色谱法测定水中硝基苯和苯胺含量．分析化学，2009，37（5）：741-744.

[31] 王爽，邓天龙．环境样品中硝基苯类化合物的分析方法研究进展．广东微量元素科学，2008，15（2）：10-14.

[32] 许德珍，王宏菊．顶空气相色谱法测定聚苯乙烯日用品中可溶性苯乙烯单体．分析试验室，2003，22（6）：57-59.

[33] 沈斐，苏晓燕，许燕娟等．吹扫捕集-GC/MS法测定饮用水中致嗅物质．环境监测管理与技术，2010，22（5）：31-35.

[34] 张春雷，曹秋，颜慧．毛细管柱气相色谱法测定水中12种硝基苯类化合物．环境科学与管理，

2010，35（4）：149-151.

[35] 李利荣，吴宇峰，时庭锐等 . 固相萃取技术在环境水质监测方法开发中的应用 . 环境科学与技术，2007，30（3）：41-44.

[36] 肖小华，蔡积进，胡玉玲等 . 固相微萃取-气相色谱/质谱联用分析室内空气中的苯系物 . 分析试验室，2010，29（5）：40-43.

[37] 鲁杰，肖晶，杨大进等 . 食品餐具及奶制品包装中三聚氰胺迁移量的调查研究 . 卫生研究，2009，38（2）：178-179.

[38] 孙利，陈志锋，雍炜等 . 与食品接触的塑料成型品中邻苯二甲酸酯类增塑剂迁移量的测定 . 中国卫生检验杂志，2008，18（3）：393-395.

[39] 马强，白桦，王超等 . 纺织品与食品包装材料中烷基酚及双酚 A 迁移量的液相色谱-串联质谱分析 . 分析测试学报，2009，28（12）：1415-1418.

[40] 封棣，程雪莲，张苓俐等 . 中国市售天然乳胶避孕套中亚硝胺迁移量的检测分析 . 中国卫生检验杂志，2009，19（3）：483-484.

[41] 刘艇飞，邓弘毅，陈彤 . 与食品接触的材料和物品-有限制的塑料物质，食品和食品模拟物中丙烯腈迁移量的测定 . 分析试验室，2009，28（S1）：206-208.

[42] 肖道清，陈少鸿，朱晓艳等 . 固相萃取/气相色谱-质谱法对接触食品的塑料制品中 24 种芳香族伯胺迁移量的同时测定 . 分析测试学报，2009，28（10）：1155-1159.

[43] 陈葭玲 . 高效液相色谱法测定三聚氰胺-甲醛食品容器中三聚氰胺单体迁移量 . 质量技术监督研究，2010，（2）：40-43.

[44] 陈志峰，刘晓华，孙利 . 高效液相色谱法测定复合塑料食品包装中初级芳香胺的迁移量 . 包装工程，2010，31（3）：48-51.

[45] 孙建伟 . 分光光度法测定食品容器用三聚氰胺-甲醛成型品中甲醛单体迁移量 . 福建分析测试，2010，19（1）：93-95.

[46] 李伟，周相娟，赵玉琪 . 与塑料包装接触食品模拟物中苯系物顶空条件研究 . 包装工程，2009，30（4）：31-33.

6

儿童用品中其他常见有机物检测

6.1 三氯生和三氯卡班的测定

6.1.1 方法提要

本方法适用于粉类、液类和皂类洗涤用品中三氯生和三氯卡班的检测。

方法的基本原理是：采用甲醇超声提取 10min 后离心 10min，取上层清液过 0.45μm 滤膜，经 Symmetry C8 液相色谱柱（250mm×4.6mm×5μm）分离，二极管阵列检测器在 281nm 下检测，外标法定量。本方法对三氯生和三氯卡班在其线性范围内具有良好的线性关系，定量限（LOQ）分别为 0.0025%（g/100g）和 0.0005%（g/100g），在低、中、高三个添加水平的平均回收率为 96.3%～107.7%，相对标准偏差（RSD）为 0.3%～7.3%。

6.1.2 待测物质基本信息

待测物质基本信息见表 6-1。

表 6-1 待测物质基本信息

中文名称	CAS号	分子式	相对分子质量	结构式
三氯生	3380-34-5	$C_{12}H_3Cl_3O_2$	289.5	

中文名称	CAS号	分子式	相对分子质量	结构式
三氯卡班	101-20-2	$C_{13}H_9Cl_3N_2O$	315.6	

6.1.3　国内外检测方法进展及对比

三氯生和三氯卡班的研究主要在环境、日化用品和纺织品方面，由于二者在环境中普遍存在且具有持续性危害，因此环境中的三氯生和三氯卡班的快速、准确定量是国内外研究的重点。水、淤泥、城市固体垃圾等环境样品由于含量低（含量为 $\mu g/L$ 甚至更低），需要大量取样再富集，并且基质复杂，净化过程烦琐，因此简便易行的样品富集技术长久以来都是研究热点。液液萃取、固相萃取、固相微萃取、液相微萃取等前处理技术都曾用于环境样品中三氯生和三氯卡班的富集净化。传统液液萃取技术最为简单，但消耗大量的有毒有机溶剂和时间，逐渐被其他技术取代。固相萃取技术回收率高，重现性好，操作简单，大大减少了有机溶剂的用量，不足之处是样品量大时上样富集时间过长，但总的来说是目前应用最普遍的前处理技术。固相微萃取技术回收率高，但耗时较长，自动化程度低，并且萃取头价格昂贵，容易有样品吸附残留，应用并不普遍。液相微萃取技术是一种新型样品富集技术，快捷、微型，分散液相微萃取技术取样量少（mL级），萃取溶剂体积小（μL级），操作简单，尽管实际样品重复性稍差，但仍是近年来研究人员常选择的前处理技术。

日化用品和纺织品中的三氯生和三氯卡班属于人为添加进去，起到一定抗菌防护作用的成分，含量较高［《化妆品卫生规范2007》规定三氯生和三氯卡班作为防腐剂在化妆品中最大允许使用浓度分别为 0.3%（g/100g）和 0.2%（g/100g）］，因此样品前处理不需大量富集，一般采用溶剂超声提取，前处理过程较为简单。三氯生和三氯卡班的仪器检测方法主要有分光光度法、气相色谱法（ECD检测器）、气相色谱-质谱法、液相色谱法（紫外检测器）和液相色谱-质谱法等。相对于气相色谱法，液相色谱法无需进行烦琐的衍生化操作即可直接检测，因此应用更为普遍。

6.1.4 仪器与试剂

1200 液相色谱仪，配 DAD 检测器（美国 Agilent 公司）；Symmetry® C8 液相色谱柱（250mm × 4.6mm × 5μm，美国 Waters 公司）；PTFE 滤膜（0.45μm，天津津腾公司）；Elmasonic P 超声波发生器（德国 Elma 公司）；CR 21G 高速离心机（日本 Hitachi 公司）。

三氯生（TCS），纯度≥97.0%；三氯卡班（TCC），纯度 99.0%，均购自美国 Sigma 公司。甲醇（色谱纯），购自美国 Sigma 公司，其他试剂为分析纯，购自国药。实验室用水为经 Milli-Q 净化系统制备的去离子水。

标准储备液：准确称取三氯生、三氯卡班各 0.1g（精确到 0.001g），置于 100mL 容量瓶中，用甲醇定容，配制成 1000mg/L 的标准储备液。

6.1.5 分析步骤

将皂类洗涤用品粉碎成 1mm×1mm 以下的均匀颗粒或粉末，混匀后进行称取。液类、粉类洗涤用品可直接进行称样。称取洗涤用品样品 0.5g（精确到 0.001g）加入到 50mL 具塞锥形瓶中，加入 15mL 甲醇，87Hz 超声提取 10min，将提取液转移到 25mL 容量瓶中，用甲醇定容，混匀。将提取液于 10000r/min 离心 10min，取上清液过 0.45μm 滤膜，待测。

实验条件如下。

① 流动相 A 为水，B 为甲醇。

② 梯度洗脱：0～10min，77% B；10～15min，77%～100% B；15～20min，100%～77% B；20～25min，77% B。

③ 柱流速：1mL/min。

④ 柱温：30℃。

⑤ 进样量：5μL。

⑥ 检测波长：281nm。

配制一系列浓度分别为 0.1mg/L、0.5mg/L、1mg/L、2mg/L、5mg/L、10mg/L、20mg/L、50mg/L 和 100mg/L 的标准工作液，在选定的色谱条件下进行测定，绘制标准工作曲线。

6.1.6 条件优化和方法学验证

6.1.6.1 色谱条件的优化

对一定浓度的三氯生和三氯卡班进行全波长扫描，三氯生的最大吸收波长为 210nm，次大吸收波长为 281nm；三氯卡班的最大吸收波长为 266nm，次大吸收波长为 210nm。在波长 210nm 处试剂和样品的干扰较大，不宜选择。在相同条件下，三氯卡班比三氯生的灵敏度高，波长的选择主要考虑三氯生的灵敏度，所以选择 281 nm 作为检测波长。

三氯生和三氯卡班的紫外吸收光谱图见图 6-1。

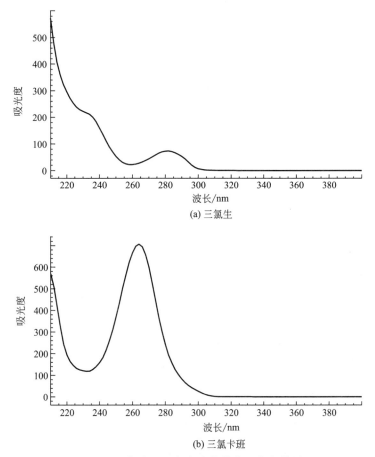

(a) 三氯生

(b) 三氯卡班

图 6-1　三氯生和三氯卡班的紫外吸收光谱图

三氯生和三氯卡班性质结构相似，采用甲醇/水或乙腈/水进行梯度洗脱难以达到基线分离，而液相色谱法主要根据保留时间定性，因此必须达到基线分离。本研究参考行业标准《进出口化妆品中三氯生和三氯卡班的测定 液相色谱法》（SN/T 1786—2006）给出的洗脱条件，采用 77％甲醇/水（体积分数）流动相以 1mL/min 进行洗脱，三氯生和三氯卡班达到基线分离（色谱图见图 6-2），并且保留时间较短，节约了分析时间。但实际样品基质较为复杂，77％甲醇/水洗脱 15min 后，色谱柱内有样品基质残留，造成下次进样基线漂移，影响目标物质准确定量。因此对行标中给出的方法进行了改进，目标物质出峰后，流动相用高比例甲醇洗脱色谱柱中保留的样品残留，色谱柱洗脱干净后流动相转变成 77％ 甲醇，保持 5min。

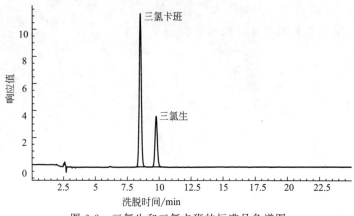

图 6-2　三氯生和三氯卡班的标准品色谱图

6.1.6.2　提取溶剂的优化

考察了甲醇、乙醇、丙酮和流动相（77％ 甲醇）对三氯生和三氯卡班的提取效果。从市场上购买了 24 件不同品牌的洗涤用品，分别筛选出不含三氯生和三氯卡班的空白样品。分别称取 0.5 空白样品，准确加入一定量标准溶液，摇匀，于通风橱中敞口静置过夜。向阳性样品中分别加入 15mL 甲醇、乙醇、丙酮和流动相，超生提取 20min，离心取上清液过 0.45μm 尼龙膜上机检测。分别用 4 种提取溶剂配制一定浓度的标准溶液，每种提取溶剂的回收率以相应溶剂的标准溶液峰面积为基准计算。每个样品重复两次，并同时做空白样品。回收率结果如图 6-3 和图 6-4 所示。

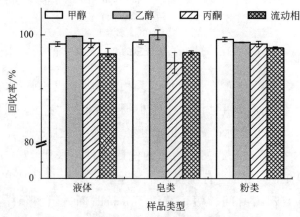

图 6-3　不同提取溶剂对三氯生的提取效果

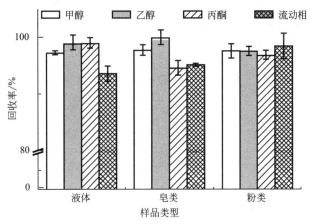

图 6-4　不同提取溶剂对三氯卡班的提取效果

由图 6-3 和图 6-4 可知，四种提取溶剂对三类样品中的三氯生和三氯卡班的提取率均在 90％以上，并且甲醇和乙醇的提取效果最优。实验过程中发现，用甲醇溶解标准品时，待测物质的峰宽较窄，峰高较高，有利于提高方法的灵敏度，因此选择甲醇作为标样溶解试剂。上机样品溶解试剂应与标准品一致，因此选择甲醇作为样品提取溶剂。

图 6-5 和图 6-6 所示为不同提取时间对三氯生和三氯卡班的提取效果。由这两图可知，提取时间为 10～30min 时，三类样品的提取效率没有太大差异，因此选择最短的提取时间 10min。

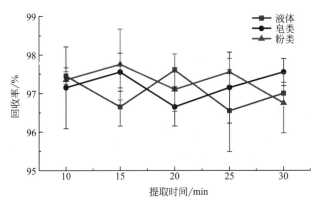

图 6-5　不同提取时间对三氯生的提取效果

6.1.6.3　标准曲线和回收率

三氯卡班和三氯生的线性方程、线性范围、相关系数和定量限（以信噪比 10 估算）见表 6-2。

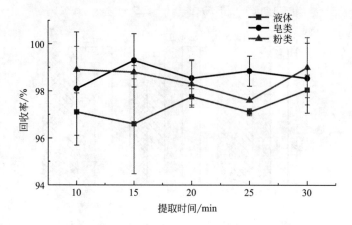

图 6-6 不同提取时间对三氯卡班的提取效果

表 6-2 三氯生和三氯卡班的线性方程、线性范围和相关系数及定量限

物质名称	线性方程	线性范围/(mg/L)	相关系数	定量限(质量分数)/%
三氯卡班	$Y=25.69X+1.735$	0.1～100	0.9999	0.0005
三氯生	$Y=9.640X+0.046$	0.5～100	0.9999	0.0025

选取市售液类、皂类、粉类洗涤用品，经前处理后分别进行检测，最终各类样品选取一种不含待测物的洗涤用品作为空白样品。在空白样品中添加不同水平的三氯生和三氯卡班混合物，按上述方法进行回收率测定，结果列于表 6-3～表 6-8 中。

表 6-3 液类洗涤用品中三氯卡班的回收率测定结果

添加水平	1		2		3		4	
添加量/%	0.0005		0.005		0.2		0.4	
测得值/% 回收率/%	0.000530	106.0	0.00473	94.6	0.193	96.6	0.398	99.6
	0.000548	109.5	0.00518	103.7	0.195	97.4	0.396	99.0
	0.000548	109.5	0.00477	95.4	0.194	97	0.398	99.5
	0.000548	109.5	0.00477	95.4	0.193	96.6	0.399	99.8
	0.000513	102.5	0.00479	95.9	0.195	97.6	0.401	100.2
	0.000548	109.5	0.00473	94.6	0.194	97.2	0.398	99.5
平均值/%	0.000539	107.7	0.00483	96.6	0.194	97.1	0.398	99.6
标准偏差/%	0.0000146		0.000176		0.000826		0.00158	
相对标准偏差/%	2.7		3.6		0.4		0.4	

表 6-4　皂类洗涤用品中三氯卡班的回收率测定结果

添加水平	1		2		3		4	
添加量/%	0.0005		0.005		0.2		0.4	
测得值/% 回收率/%	0.000530	106	0.00520	104.1	0.194	97.2	0.402	100.5
	0.000512	102.5	0.00520	104.1	0.196	98.1	0.406	101.4
	0.000547	109.5	0.00523	104.6	0.195	97.7	0.397	99.3
	0.000530	106	0.00512	102.5	0.195	97.4	0.406	101.6
	0.000477	95.4	0.00508	101.7	0.196	97.8	0.404	101.1
	0.000547	109.5	0.00520	104.1	0.198	98.9	0.405	101.3
平均值/%	0.000524	104.8	0.00518	103.5	0.196	97.9	0.403	100.9
标准偏差/%	0.0000265		0.0000571		0.00120		0.00342	
相对标准偏差/%	5.1		1.1		0.6		0.8	

表 6-5　粉类洗涤用品中三氯卡班的回收率测定结果

添加水平	1		2		3		4	
添加量/%	0.0005		0.005		0.2		0.4	
测得值/% 回收率/%	0.000459	91.9	0.00508	101.7	0.195	97.5	0.398	99.5
	0.000565	113.1	0.00512	102.5	0.193	96.4	0.401	100.3
	0.000512	102.5	0.00514	102.9	0.195	97.4	0.403	100.7
	0.000547	109.5	0.00510	102.1	0.194	97.2	0.400	99.9
	0.000547	109.5	0.00516	103.3	0.196	98.0	0.391	97.8
	0.000547	109.5	0.00525	105.0	0.196	97.9	0.398	99.5
平均值/%	0.000530	106.0	0.00515	102.9	0.195	97.4	0.398	99.6
标准偏差/%	0.0000386		0.0000583		0.00115		0.00402	
相对标准偏差/%	7.3		1.1		0.6		1.0	

表 6-6　液类洗涤用品中三氯生的回收率测定结果

添加水平	1		2		3		4	
添加量/%	0.0025		0.025		0.3		0.6	
测得值/% 回收率/%	0.00255	102.0	0.0252	100.9	0.299	99.8	0.590	98.3
	0.00250	100.0	0.0257	102.8	0.298	99.5	0.593	98.9
	0.00245	98.0	0.0251	100.6	0.298	99.5	0.593	98.8
	0.00255	102.0	0.0250	100.2	0.301	100.4	0.593	98.8
	0.00255	102.0	0.0257	103.0	0.301	100.4	0.595	99.2
	0.00250	100.0	0.0251	100.6	0.299	99.6	0.590	98.4
平均值/%	0.00252	100.7	0.0253	101.3	0.300	99.9	0.592	98.7
标准偏差/%	0.0000408		0.000306		0.00128		0.00200	
相对标准偏差/%	1.6		1.2		0.4		0.3	

表 6-7　皂类洗涤用品中三氯生的回收率测定结果

添加水平	1		2		3		4	
添加量/%	0.0025%		0.025%		0.3%		0.6%	
测得值/% 回收率/%	0.00240	95.9	0.0259	103.7	0.301	100.2	0.608	101.4
	0.00250	100.0	0.0259	103.4	0.303	101.1	0.613	102.2
	0.00250	100.0	0.0256	102.6	0.302	100.6	0.608	101.3
	0.00245	98.0	0.0257	103.0	0.302	100.7	0.608	101.4
	0.00250	100.0	0.0256	102.6	0.300	100.0	0.606	101.0
	0.00240	95.9	0.0260	103.9	0.301	100.3	0.6102	101.7
平均值/%	0.00246	98.3	0.0258	103.2	0.301	100.5	0.609	101.5
标准偏差/%	0.0000503		0.000139		0.00119		0.00246	
相对标准偏差/%	2.0		0.5		0.395		0.404	

表 6-8　粉类洗涤用品中三氯生的回收率测定结果

添加水平	1		2		3		4	
添加量/%	0.0025%		0.025%		0.3%		0.6%	
测得值/% 回收率/%	0.00240	95.9	0.0253	101.3	0.298	99.5	0.598	99.7
	0.00235	93.9	0.0254	101.5	0.301	100.2	0.599	99.9
	0.00245	98.0	0.0255	101.9	0.300	99.9	0.599	99.8
	0.00240	95.9	0.0253	101.1	0.301	100.5	0.599	99.8
	0.00245	98.0	0.0253	101.1	0.298	99.4	0.592	98.7
	0.00240	95.9	0.0253	101.3	0.301	100.3	0.598	99.6
平均值/%	0.00241	96.3	0.0253	101.4	0.300	100.0	0.597	99.6
标准偏差/%	0.0000388		0.0000753		0.00134		0.00267	
相对标准偏差/%	1.6		0.3		0.4		0.4	

6.1.7　实际样品检测

采集国内市场上 24 件洗涤用品（其中液类 10 件，皂类 10 件，粉类 4
件），对其中所含的三氯生和三氯卡班含量进行检测分析。结果如表 6-9 所列。

表 6-9　实际洗涤用品中三氯卡班和三氯生的含量（质量分数）

样品	三氯卡班		三氯生	
	含量	RSD/%	含量	RSD/%
液体 1	ND		ND	
液体 2	ND		ND	
液体 3	ND		0.0672	1.39

续表

样品	三氯卡班		三氯生	
	含量	RSD/%	含量	RSD/%
液体 4	ND		0.0958	0.147
液体 5	ND		ND	
液体 6	ND		0.384	0.175
液体 7	ND		0.0639	1.198
液体 8	ND		0.0498	3.15
液体 9	ND		ND	
液体 10	ND		ND	
皂类 1	0.792	0.253	ND	
皂类 2	0.653	0.620	ND	
皂类 3	ND		ND	
皂类 4	ND		ND	
皂类 5	ND		ND	
皂类 6	ND		ND	
皂类 7	ND		ND	
皂类 8	ND		ND	
皂类 9	ND		ND	
皂类 10	ND		ND	
粉类 1	ND		ND	
粉类 2	ND		ND	
粉类 3	ND		ND	
粉类 4	ND		ND	

从表 6-9 中可以看出，在全部 24 件样品中，一共有 7 件样品检出含有三氯生或三氯卡班。其中 5 件样品为液体类洗涤用品，2 件样品为皂类洗涤用品。

6.2 木材防腐剂的测定

6.2.1 方法提要

本方法适用于木制儿童用品中 2,4-二氯苯酚、2,4,5-三氯苯酚、2,4,6-三氯苯酚、2,3,4,6-四氯苯酚、五氯苯酚、林丹、氯菊酯、氯氰菊酯、氟氯氰菊酯、溴氰菊酯 10 种木材防腐剂含量的测定。

　　方法的基本原理是：采用甲醇溶剂提取，经乙酸酐试剂衍生、固相萃取净化后，用 HP-5MS 色谱柱（30m×0.25mm×0.25μm）分离，串联质谱在多反应离子监测模式（MRM）下进行检测，内标法定量。本方法对于复杂基质的木材样品中目标物的检测具有良好的选择性与灵敏度。对于不同物质的定量限（LOQ）为 0.0025～0.2mg/kg，线性范围为 0.0025～25mg/kg，低、中、高三个添加水平的平均回收率为 85.2%～100.1%，日内精密度（RSD，$n=6$）为 0.6%～9.1%。日间精密度（RSD，$n=6$）为 2.3%～7.2%。可应用于木制儿童用品的实际检测。

6.2.2　待测物质基本信息

　　待测物质基本信息见表 6-10。

表 6-10　待测物质基本信息

中文名称	CAS 号	分子式	相对分子质量	结构式
2,4 二氯苯酚	120-83-2	$C_6H_4Cl_2O$	163.00	
2,4,6-三氯苯酚	88-06-2	$C_6H_3Cl_3O$	197.45	
2,4,5-三氯苯酚	95-95-4	$C_6H_3Cl_3O$	197.45	
2,3,4,6-四氯苯酚	58-90-2	$C_6H_2Cl_4O$	231.89	
林丹	58-89-9	$C_6H_6Cl_6$	290.83	

续表

中文名称	CAS号	分子式	相对分子质量	结构式
五氯苯酚	87-86-5	C_6HCl_5O	266.34	
氯菊酯	52645-53-1	$C_{21}H_{20}Cl_2O_3$	391.29	
氟氯氰菊酯	68359-37-5	$C_{22}H_{18}Cl_2FNO_3$	434.29	
氯氰菊酯	52315-07-8	$C_{22}H_{19}Cl_2NO_3$	416.32	
溴氰菊酯	52918-63-5	$C_{22}H_{19}Br_2NO_3$	505.24	

6.2.3　国内外检测技术方法及对比

生活中常见的木制儿童用品有木制玩具、木制儿童家具等。当前很多厂家宣称其产品"纯天然原木制造"、"健康环保无毒漆"等，给消费者一种健康环保的印象。然而"原木"、"无漆"并不等于绝对环保，木材原材料及成品一般都会经过防腐处理，而有些木材防腐剂具有较强的毒性，如氯酚类化合物、菊酯类化合物等，这些物质会在儿童把玩过程中经唾液、汗液或吸入等方式迁移入体内，对其身体健康构成严重危害，可能会致畸、致癌及致基因突变等。欧盟在公布的玩具协调标准 EN71-9、EN71-10、EN71-11 中对本文中涉及的 10 种木材防腐剂进行了限量要求，其中最低限量为 1mg/kg。

目前涉及氯酚类、菊酯类农药或杀虫剂的检测方法有很多报道，涉及的产品主要是食品、环境样品、皮革、纺织品等，而针对木材及木制品的报道则较少，可查到的文献中涉及的木制产品有木制家具、木制容器、红酒用软木塞、木制玩具等，检测方法主要是气相色谱法（GC-ECD）和气相色谱-质谱法（GC-MS）。然而，木材样品的成分复杂，采用现有的气相色谱或气相色谱-质谱法可能不能提供足够的选择性及灵敏度，而串联质谱具有高选择性与高灵敏度的特点，能够在复杂基质中对痕量物质进行确证分析。

本文基于固相萃取-气相色谱-串联质谱（SPE-GC-MS/MS）技术，建立木制儿童用品中 10 种木材防腐剂准确、灵敏、稳定的检测方法。通过对木材样品前处理过程进行优化，详细考察多种实验参数对结果的影响，并进行方法验证及实际样品的测定，确保该方法可应用于木材样品中防腐剂的实际检测工作。

6.2.4 仪器与试剂

Agilent 7890A 气相色谱-Waters Quattro Micro 三重四级杆质谱联用仪（见彩色插图 5），配 EI 源，Supelco 固相萃取装置，Eyela NVC-2000 型旋转蒸发仪，Elma P300H 超声清洗器，Retsch SM2000 型切割研磨仪，Waters Oasis HLB 固相萃取柱（6mL，200mg）。

实验中所用的木材防腐剂标准品纯度均大于 98%，其中，氯菊酯、氯氰菊酯、氟氯氰菊酯均为异构体的混合物。实验用水为经 Milli-Q 净化系统制备的去离子水；氦气、氩气（纯度＞99.999%）；乙醇和乙酸酐为分析纯，实验中所使用的其他试剂均为色谱纯。

待测物质标准溶液的配制：准确称取 10 种防腐剂标准品各 50mg 于 50mL 棕色容量瓶中，用 9:1（体积比）乙醇/冰醋酸溶液定容，配制成浓度为 1000mg/L 的单标储备液，利用单标储备液配制浓度为 50mg/L 的全混储备液。实验中根据需要，可用 9:1（体积比）的乙醇/冰醋酸稀释至所需浓度的系列工作溶液。

内标溶液的配制：准确称取 50mg 2,3,4-三氯苯酚于 100mL 棕色容量瓶中，用 9:1（体积比）乙醇/冰醋酸溶液作为溶剂定容，配制成质量浓度为 500mg/L 的内标储备液，然后将其稀释至浓度为 5mg/L 的内标工作溶液。

6.2.5 分析步骤

(1) 阳性样品制备 将空白木材样品用研磨仪粉碎成小于 2mm 的木屑，称取适量木屑于具塞圆底烧瓶中，在锥形瓶中加入适量全混标准溶液，并添加适量甲醇稀释，保证稀释后的溶液倒入圆底烧瓶内能将全部木屑浸没。将圆底烧瓶置于摇床振荡 2 h 后静置过夜，以确保防腐剂充分渗透至木材内部。然后在 35℃、17kPa（开始时 30kPa，逐渐过渡到 17kPa，以避免溶液爆沸）下旋蒸，将溶剂缓慢蒸发至近干，然后将样品平铺在聚四氟乙烯托盘或大表面皿上，直至溶剂完全挥发，即得到阳性样品。

（2）样品前处理　将样品用研磨仪粉碎成小于 2mm 的木屑，准确称取 2g样品于 50mL 具塞试管中，用甲醇超声提取 2 次，每次 20mL，提取 15min。过滤并合并滤液至离心管中，加入 1mL 内标工作溶液，在 4℃、13000r/min条件下离心 5min，经 0.45μm PTFE（聚四氟乙烯）滤膜过滤后转移至鸡心瓶中，35℃、170kPa 下旋蒸浓缩至 2mL 左右。向浓缩液中加 40mL 0.1mol/L碳酸钾溶液，摇匀后加入 1mL 乙酸酐进行衍生化，边振荡边放气，操作约1min 后置于摇床中振荡 10min。将衍生化后的溶液通过提前经 5mL 甲醇活化、5mL 去离子水平衡的 Oasis HLB 固相萃取柱，经 5mL 去离子水淋洗，利用真空泵将水抽干，最后用 10mL 乙酸乙酯洗脱，收集洗脱液加入适量无水硫酸钠干燥，涡旋 30s 后上机测定。

仪器检测条件如下。

① Agilent HP-5 MS 色谱柱（30m×0.25mm×0.25μm）。

② 进样口温度 280℃。

③ 载气流速为 1.0mL/min。

④ 不分流进样，进样量 2μL。

⑤ 程序升温：初始温度 60℃，以 20℃/min 升至 200℃，然后以 10℃/min升至 280℃（保持 8min）；溶剂延迟 5min。

⑥ 传输线温度 250℃；离子源温度 180℃。

⑦ EI 电离方式，电离能量 70eV。

⑧ 多反应监测（MRM）方式测定。

上述条件下各待测物质的保留时间、特征离子对等参数见表 6-11。

表 6-11　待测物质的保留时间、特征离子对等参数

编号	化合物	保留时间/min	定量离子对(m/z)（碰撞电压/eV）	辅助定性离子对(m/z)（碰撞电压/eV）	线性范围/(mg/kg)	相关系数
1	2,4-二氯苯酚	6.02	162.1＞98.1(16)	162.1＞126.1(12)	0.0025～10	0.9994
2	2,4,6-三氯苯酚	6.68	196.1＞97.1(23)	196.1＞132.1(15)	0.0025～10	0.9999
3	2,4,5-三氯苯酚	7.08	196.1＞97.1(23)	196.1＞132.1(15)	0.0025～10	0.9999
内标	2,3,4-三氯苯酚	7.35	196.1＞97.1(24)	196.1＞132.1(16)		
4	2,3,4,6-四氯苯酚	7.91	232.0＞131.1(30)	232.0＞168.1(22)	0.0025～10	0.9996

续表

编号	化合物	保留时间/min	定量离子对(m/z)(碰撞电压/eV)	辅助定性离子对(m/z)(碰撞电压/eV)	线性范围/(mg/kg)	相关系数
5	林丹	8.87	183.0>147.0(12)	218.9>183.0(5)	0.025~10	0.9997
6	五氯苯酚	9.20	266.0>167.1(30)	266.0>202.1(15)	0.01~10	0.9996
7	氯菊酯	15.78,15.92	183.1>153.1(12)	183.1>115.1(19)	0.025~10	0.9993
8	氟氯氰菊酯	16.47,16.58,16.70,16.71	163.1>127.1(6)	206.1>151.2(18)	0.05~10	0.9996
9	氯氰菊酯	16.90,17.02,17.14,17.19	163.1>127.1(6)	163.1>91.1(11)	0.05~10	0.9997
10	溴氰菊酯	19.80	253.0>174.1(7)	253.0>93.1(15)	0.2~25	0.9996

注：1. 对于氯酚类物质，监测的离子对均为经乙酸酐衍生化后的酯所产生的离子。如五氯苯酚对应的为五氯苯酚乙酸酯。

2. 氟氯氰菊酯和氯氰菊酯由多个同分异构体组成，在色谱图上表现为峰簇。

6.2.6 条件优化和方法学验证

6.2.6.1 色谱质谱条件的优化

在 6.2.5 节设定的气相色谱条件下，10 种木材防腐剂和内标物达到了很好的分离，所有物质能在 21min 内被检测完。10 种物质的典型色谱分离图见图 6-7。

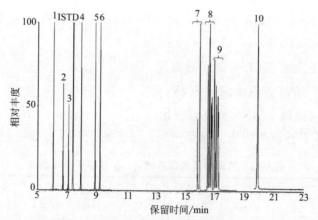

图 6-7 10 种木材防腐剂物质标准溶液的 MRM 色谱图 （2mg/L）

（色谱峰序号与表 6-11 中一致）

MS/MS 方法通过以下步骤建立：首先，在 SCAN 模式下对各物质进行扫描，扫描范围 m/z 40~400，选定信号较强且具有较高荷质比的作为母离子。

然后，采用 Daughter SCAN 模式进行二级质谱分析，对子离子进行了优化选择，确定定量离子和辅助定性离子。通过优化透镜电压、碰撞能量、质谱分辨率等质谱参数，使木材防腐剂的分子离子与特征碎片离子产生的离子对强度达到最大。

我们采用三重四级杆质谱的 SCAN 模式、SIM 模式（选择离子扫描模式）和 MRM 模式分别测定某一款实际木制玩具样品（检测实际样品时检出的阳性样品，未进行任何标准物或内标物添加），结果见图 6-8。由 SCAN 模式下的色谱图可见木材样品中物质成分复杂。当采用单级质谱 SIM 模式时，部分物质特别是具有异构体的氟氯氰菊酯（8）和氯氰菊酯（9）仍然受到基质干扰的影响，一方面不能提供足够的选择性，导致定性时可能会出现"假阳性"或"难以定量"等情况，另一方面不能提供足够的灵敏度。而采用 MRM 模式时，基质干扰的情况得到明显改善，选择性明显提高，使得定性、定量更为准确，同时灵敏度也获得提高。

6.2.6.2　前处理条件的优化

（1）提取溶剂的选择　以回收率为指标，分别考察了甲醇、甲醇/冰醋酸（9：1，体积比）、乙酸乙酯、乙腈 4 种提取液对木材防腐剂的提取效果，分别用 4 种提取液对 2g 含有 10 种木材防腐剂的木材阳性样品（5mg/kg，相当于上机浓度 1mg/L）超声提取，进行相同条件下的浓缩、衍生、固相萃取及上机测定。与标准溶液进行对比，得到的回收率见图 6-9。结果表明，4 种溶剂的提取效果具有显著差别，其中乙酸乙酯的提取效果最差（回收率＜65％），乙腈和 9：1 的甲醇/冰醋酸提取效果居中，使用甲醇作为提取液时防腐剂的回收率最高（＞74％），而且重复性也相对较好（RSD≤12.4％，$n=4$），因此选定甲醇作为本方法的提取溶剂。

（2）固相萃取柱的选择　衍生化后的 10 种防腐剂经固相萃取由水相转入有机相。共考察了 7 种固相萃取柱 Supelclean ENVI-Chrom P（6mL，250mg，美国 Supelco 公司），Sep-park C18、Oasis HLB Cartridge（6mL，200mg，美国 Waters 公司），Bond Elut PLEXA（6mL，200mg，美国 Agilent 公司），Bond Elut C18（3mL，200mg，美国 Agilent 公司），Chromabond Easy、Chromabond HR-P（6mL，200mg，德国 MN 公司）对 10 种物质的萃取效果。首先将萃取柱用 5mL 甲醇活化、5mL 去离子水平衡，然后将衍生化后的混合溶液分别通过 7 种固相萃取柱，经 5mL 水淋洗后，用 10mL 乙酸乙酯洗脱，将洗脱液干燥后供仪器测定。以回收率为指标，将结果中回收率最高的萃取柱得到物质的峰面积定义为 100％，其他萃取柱的峰面积与其相比计算相

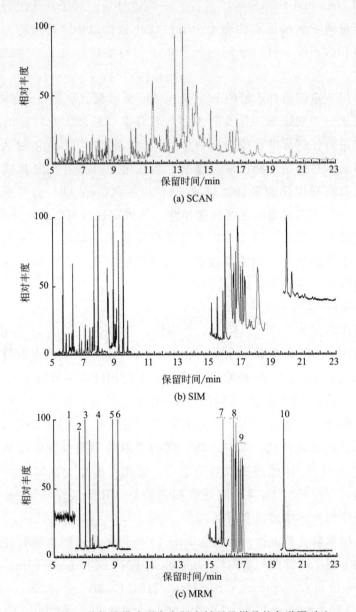

图 6-8   三种扫描模式测定实际木材玩具样品的色谱图对比

(分析物序号与表 6-11 中一致)

(SCAN 为全扫描模式；SIM 为选择离子模式；MRM 为多反应监测模式)

对百分比并作图比较它们之间的差异（见图 6-10）。从结果来看，各萃取柱对
10 种物质均有较强的保留作用，而 Oasis HLB 柱的效果最佳，因此选取其作
为试验用萃取柱。

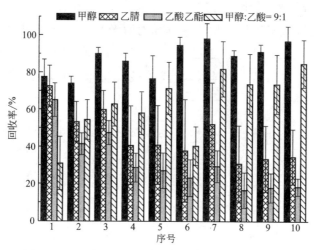

图 6-9 不同溶剂对 10 种木材防腐剂提取效果的比较

（分析物序号与表 6-11 中一致）

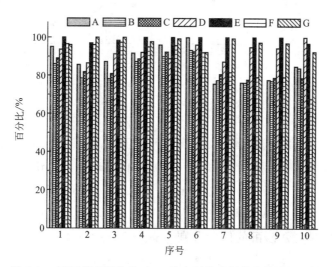

图 6-10 不同固相萃取柱对 10 种木材防腐剂萃取效果的比较

A—Supelclean ENVI-Chrom P，B—Sep-park C18；C—Bond Elut PLEXA；D—Chromabond Easy；

E—Oasis HLB Cartridge；F—Chromabond HR-P；G—Bond Elut C18

（3）洗脱溶剂的选择 保持其他实验条件不变，考察了甲醇、丙酮、正己烷、二氯甲烷和乙酸乙酯 5 种不同洗脱溶剂对 Oasis HLB 固相萃取柱上 10 种防腐剂的洗脱效果。每次 2mL，洗脱 7 次，收集每次的 2mL 洗脱液上机测定，由得到的各物质洗脱曲线判定乙酸乙酯的洗脱效果最佳，且体积定为 10mL 可保证将 10 种物质洗脱完全。图 6-11 为 5 种洗脱溶剂体积均为

10mL 时洗脱效果的对比，将回收率最高的洗脱溶剂峰面积定义为 100％，其他洗脱溶剂的峰面积与其相比计算相对百分比。由图可见，甲醇和丙酮对 10 种物质的洗脱能力较差，正己烷对菊酯类物质的洗脱能力较差，乙酸乙酯的洗脱效果相对最好。因此，本方法最终选取 10mL 乙酸乙酯作为洗脱溶剂。

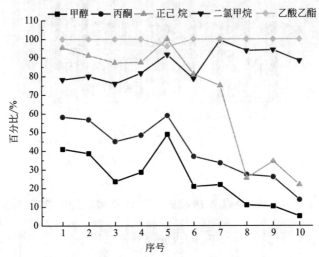

图 6-11　不同洗脱溶剂对 10 种木材防腐剂洗脱效果的比较

（分析物序号与图 6-11 中一致）

（4）衍生化条件的选择　保持其他实验条件不变，对衍生化介质（0.1mol/L 碳酸钾溶液）的体积分别考察了 10mL、15mL、20mL、25mL、30mL、35mL、40mL、45mL、50mL，并比较其回收率，最终选取加入 40mL 0.1mol/L 的碳酸钾溶液。

对衍生化试剂乙酸酐的体积分别考察 0.2mL、0.4mL、0.6mL、0.8mL、1.0mL，并比较其回收率，发现使用量为 0.6mL 以上时回收率已没有明显增加，最终将乙酸酐的体积定为 1.0mL，略过量的乙酸酐可保证氯酚类物质被充分衍生化。

6.2.6.3　方法学验证

目前市面上出售的木制玩具许多并未标识木材材质，部分标识为松木、榉木、荷木、桦木，实验过程中我们选取 10 份各种材质的木制玩具样品，分别进行样品空白实验。各类木材样品在本方法提取及测定条件下，杂质干扰少，对目标化合物的测定无明显影响。最终选取其中一种基质最为干净且不含待测物质的榉木作为空白样品用于阳性样品的制作及回收率的测定。

在空白木材样品的提取液中加标,得到各物质的线性范围,相关系数均大于 0.9993,具体见表 6-11。

将待测物质的标准储备液用 9:1(体积比)的乙醇/冰醋酸稀释至 0.001~50mg/L,以空白木材样品为基质,进行低浓度水平的加标实验,得到各物质的检测限(LOD,S/N>3)与定量限(LOQ,S/N>10)。确定各物质检测限的范围为 0.001~0.05mg/kg,各物质定量限的范围为 0.0025~0.2mg/kg。可以看到,得到的各物质定量限远低于欧盟玩具安全标准 EN71-9 中规定的限量(10 种物质中 2,4-二氯苯酚、2,4,6-三氯苯酚的限量为 5mg/kg,2,3,4,6-四氯苯酚的限量为 1mg/kg,五氯苯酚、林丹的限量为 2mg/kg,2,4,5-三氯苯酚、氯菊酯、氟氯氰菊酯、氯氰菊酯、溴氰菊酯的限量为 10mg/kg)。

通过在空白样品中对每种防腐剂分别设定低、中、高 3 个不同添加水平,得到各物质的回收率范围为 85.2%~100.1%,日内精密度(RSD,$n=6$)小于 9.1%,均值为 3.1%。日间精密度(RSD,$n=6$)范围为 2.3%~7.2%。具体数据见表 6-12。空白样品及加标样品(2mg/kg)的 MRM 色谱图见图 6-12。

表 6-12 10 种防腐剂的回收率、检测限、定量限及重现性

化合物	检测限 LOD /(mg/kg)	定量限 LOQ /(mg/kg)	回收率 (日内精密度,$n=6$)/%			日间精密度 ($n=6$)/% (2mg/kg)
			低浓度	中浓度	高浓度	
2,4-二氯苯酚	0.001	0.0025	92.0(2.3)	96.1(1.5)	97.2(1.5)	6.8
2,4,6-三氯苯酚	0.001	0.0025	90.2(6.1)	98.8(1.7)	93.0(2.7)	2.3
2,4,5-三氯苯酚	0.001	0.0025	94.6(4.5)	95.3(1.0)	100.1(0.6)	2.6
2,3,4,6-四氯苯酚	0.001	0.0025	96.5(2.8)	98.8(4.7)	97.6(1.1)	6.0
林丹	0.01	0.025	96.7(1.6)	93.3(4.6)	99.1(2.0)	2.7
五氯苯酚	0.0025	0.01	92.5(2.3)	96.8(2.2)	99.9(1.7)	3.5
氯菊酯	0.01	0.025	90.3(2.8)	99.8(3.3)	91.5(3.2)	7.2
氟氯氰菊酯	0.02	0.05	95.3(1.9)	86.6(2.6)	94.7(7.7)	6.2
氯氰菊酯	0.02	0.05	90.7(3.2)	85.2(4.0)	91.9(9.1)	6.2
溴氰菊酯	0.05	0.2	97.8(1.4)	97.7(3.8)	90.8(4.8)	4.8

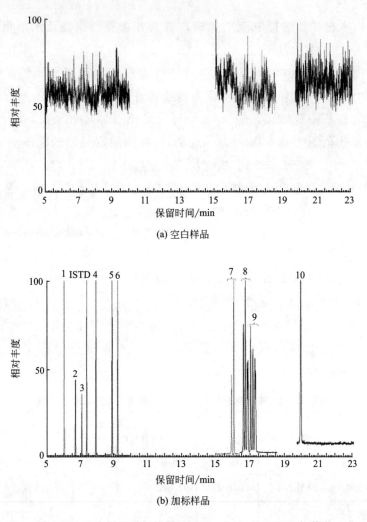

图 6-12　空白样品及加标样品（2mg/kg）的 MRM 色谱图

6.2.7　实际样品的检测

　　应用本方法，对从市场上采集到的共 12 款木制玩具样品进行测定。结果发现，在 7 款玩具样品中至少检出 1 种木材防腐剂，其中有 4 款玩具样品检出超过 3 种防腐剂，其余 5 款玩具未检出。从待测物质角度来说，共检出了 9 种木材防腐剂。其中氯氰菊酯、氟氯氰菊酯和溴氰菊酯在 7 款玩具中几乎都有检出，可以推测，它们更常被用于木制玩具产品的防腐处理中。具体见表 6-13。

表 6-13 实际木制玩具样品的检测结果

化合物	样品中目标化合物浓度/(mg/kg)											
	样品1	样品2	样品3	样品4	样品5	样品6	样品7	样品8	样品9	样品10	样品11	样品12
2,4-二氯苯酚												
2,4,6-三氯苯酚							0.112					
2,4,5-三氯苯酚							0.039					
2,3,4,6-四氯苯酚							0.050					
林丹							0.157					
五氯苯酚							0.157					
氯菊酯							0.650			0.215		
氟氯氰菊酯	0.081			0.191		0.330	1.275	0.143		0.899	0.225	
氯氰菊酯	0.078			0.202		0.327	1.249	0.147		0.870	0.234	
溴氰菊酯						0.557	1.313			1.154	0.378	

6.3 有机锡的测定

6.3.1 方法提要

本方法适用于塑胶材质的儿童用品中三丁基锡和三苯基锡的测定。

本方法的基本原理是：以甲醇为溶剂采用索氏提取法提取试样中的三丁基锡和三苯基锡，提取液经衍生后过滤，采用气相色谱-质谱法进行分离测定，外标法定量。本方法中三丁基锡的测定低限为 5mg/kg，三苯基锡的测定低限为 5mg/kg。对于三丁基锡的回收率范围为 93.9%～96.6%，三苯基锡的回收率范围为 96.3%～105.0%。

6.3.2 待测物质基本信息

待测物质基本信息见表 6-14。

表 6-14 待测物质基本信息

中文名称	CAS号	分子式	相对分子质量	结构式
三丁基锡	1461-22-9	$C_{12}H_{27}ClSn$	325.49	Sn Cl

续表

中文名称	CAS 号	分子式	相对分子质量	结构式
三苯基锡	639-58-7	$C_{18}H_{15}ClSn$	385.48	

6.3.3　仪器与试剂

检测设备为 Agilent 6890/5975 气相色谱-质谱联用仪，配有电子轰击电离源和 Agilent 7694E 自动顶空进样器。辅助设备包括电子天平（感量为 0.001g 和 0.0001g 各 1 台）、粉碎机、索氏提取装置、旋转蒸发仪和超声波清洗器。

三丁基锡和三苯基锡标准品的纯度不低于 98%。甲醇（色谱纯）、正己烷（色谱纯）、四乙基硼酸钠、无水醋酸钠、无水硫酸钠和冰醋酸的纯度均为分析纯。其中无水硫酸钠需要在 650℃ 下灼烧 4h，储存于干燥器中备用。

2% 四乙基硼酸钠溶液：准确称取 0.2g 四乙基硼酸钠，精确至 0.001g，加水定容至 10mL。

醋酸-醋酸钠溶液（pH＝4.75）：准确称取 1.36g 醋酸钠，精确至 0.001g，加入 90mL 去离子水，用冰醋酸调节 pH 值至 4.75，用水定容至 100mL，储存在 4℃ 冰箱中。

标准储备溶液（1000μg/mL）：各有机锡标准储备溶液浓度以有机锡阳离子浓度计。分别称取 0.112g 三丁基锡和 0.110g 三苯基锡（精确至 0.0001g），用少量甲醇溶解后，稀释定容至 100mL 棕色容量瓶中。

标准工作溶液：根据需要将标准储备溶液用甲醇助剂稀释成适合浓度的混合标准工作溶液，线性范围为 0.1～10μg/mL。

6.3.4　分析步骤

将样品粉碎成小于 1mm 见方的颗粒，混合均匀。称取 0.2g 试样，精确至 0.001g，用滤纸包好后装入索氏提取装置中，在接收瓶中加入 150mL 甲醇，冷凝管中通入低温冷凝水，在沸腾回流温度下提取 6h，提取液用旋转蒸发仪浓缩后定容至 10mL。

准确移取 2mL 提取液至 30mL 具塞试管中，加入 5mL 醋酸-醋酸钠缓冲溶液和 2mL 2% 四乙基硼酸钠溶液，超声 15min 衍生反应后，加入 2mL 正己烷，混匀后超声提取 15min，静置分层，取上层有机相过无水硫酸钠柱干燥，经 0.22μm 有机滤膜过滤，滤液供 GC-MS 测定。

实验条件如下。

① 色谱柱：HP-5MS 30m×0.25mm×0.25μm，或相当者。

② 升温程序：初始温度为 40℃，保持 1min 后以 15℃/min 的速率升至 280℃，保持 10min。

③ 载气：氦气，流速 1.0mL/min。

④ 进样口温度：280℃。

⑤ 色谱-质谱接口温度：280℃。

⑥ 进样方式：不分流进样，1min 后开阀。

⑦ 溶剂延迟：3min。

⑧ 电离方式：EI。

⑨ 电离能量：70eV。

⑩ 进样量：1μL。

⑪ 测定方式：SIM 选择离子检测方式。

最后，根据样品中待测物含量情况，选择浓度相近的标准工作溶液，对标准工作溶液与样液等体积穿插进样测定，绘制标准工作曲线，标准工作溶液和待测样液中有机锡的响应值应在仪器检测的线性范围内。

在上述条件下，目标化合物的典型色谱分离图如图 6-13 所示。

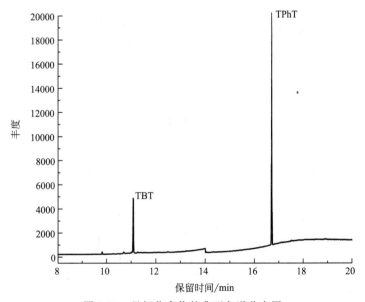

图 6-13　目标化合物的典型色谱分离图

6.3.5　条件优化和方法学验证

6.3.5.1　提取溶液的选择

　　根据有机锡种类不同，所用溶剂也有所不同。一般来说，含有较长碳链的丙基锡、丁基锡、苯基锡、环己基锡类化合物，常溶于有机溶剂，如二氯甲烷、己烷、甲醇等溶剂；甲基锡、乙基锡类化合物常用溶剂为水、稀酸或醇类；无机锡与二辛基锡常通过酸热溶获得。三丁基锡和三苯基锡的提取应在有机体系中进行。二乙基二硫代氨基甲酸钠和环庚三烯酚酮是一种常用的重金属离子螯合剂，可提升一、二取代基有机锡在非极性有机溶剂中的溶解性。有资料表明，在提取纺织品中的有机锡时，加入二乙基二硫代氨基甲酸钠和环庚三烯酚酮可以大大提高有机锡的回收率。实验中考察了甲醇、甲醇-冰醋酸、甲醇-二乙基二硫代氨基甲酸钠、甲醇-环庚三烯酚酮等提取溶剂对机电产品中三丁基锡、三苯基锡的提取效果。实验结果表明，甲醇中加入冰醋酸和二乙基二硫代氨基甲酸钠及环庚三烯酚酮，对三丁基锡、三苯基锡的回收率没有明显改善，而选用甲醇作为提取溶剂可以达到对回收率的要求，因此选用甲醇作为提取剂。研究发现，对塑胶材质样品中三丁基锡和三苯基锡的提取采用传统的索式提取方法具有比超声提取更高的提取效率，因此采用索式提取法。

6.3.5.2　衍生试剂的选择和用量

　　由于有机锡挥发性较低，在用 GC-MS 联用技术时一般在分离检测前需将有机锡化合物衍生转化成挥发性的化合物。经查阅文献，常用的有机锡衍生试剂主要有两类，烷基化试剂如格林试剂，氢化试剂如四乙基硼酸钠。与烷基化试剂衍生相比，氢化试剂衍生更经济适用，且简便、快速，无论水相或有机相均可使用，因此本标准采用氢化试剂四乙基硼酸钠为衍生试剂。相同浓度下衍生试剂量对目标物响应值的影响见图 6-14 和图 6-15。

　　由以上两图可知，当浓度为 10mg/L 时，随着衍生剂（四乙基硼酸钠溶液）添加量的增大，衍生效果呈降低趋势，但在 100mg/L 时，随着衍生剂添加量的增大，衍生效果呈先上升后下降的趋势。一般来说，为了保证三丁基锡和三苯基锡有较高的衍生效率，需要使用过量的衍生化试剂，但由于四乙基硼酸钠价格昂贵，综合经济角度及实验优化考虑，使用 2% 的四乙基硼酸钠2mL 衍生。

6.3.5.3　醋酸钠-醋酸缓冲溶液 pH 值的确定

　　选用四乙基硼酸钠为衍生试剂，反应多在酸性或中性条件下进行，因此

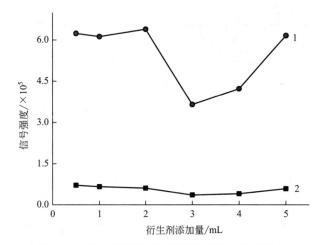

图 6-14 衍生剂用量对三丁基锡检测结果的影响

（曲线 1 的化合物浓度为 100mg/L，曲线 2 的化合物浓度为 10mg/L）

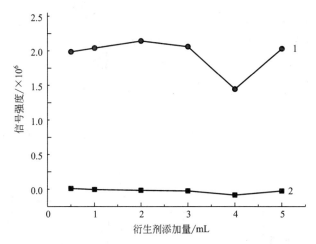

图 6-15 衍生剂用量对三苯基锡检测结果的影响

（曲线 1 的化合物浓度为 100mg/L，曲线 2 的化合物浓度为 10mg/L）

衍生时常加入一定量的醋酸-醋酸钠缓冲溶液。文献资料表明，pH 值过高时，会使有机锡分解，但是 pH 值过低，四乙基硼化钠易和氢离子反应，生成硼氢化钠，一般 pH 值选择 4.0～5.0，实验考察了相同浓度相同衍生时间 pH 值为 4.00、4.30、4.50、4.60、4.75、5.00 时的提取效率，结果见图 6-16。

由图 6-16 可知，TBT 和 TPhT 衍生效果随着 pH 值的增加呈上升趋势，在 pH=4.75 时达到最大，即提取效率最高；在 pH=5.00 时又急剧下降，故选择衍生环境 pH=4.75。

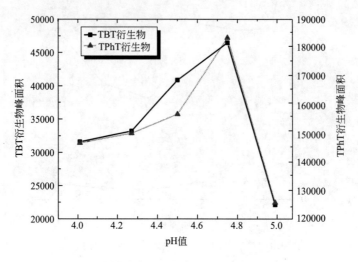

图 6-16   缓冲溶液 pH 值对衍生化反应的影响

6.3.5.4   衍生反应时间的确定

由于三丁基锡和三苯基锡的稳定性较差,反应时间太长,容易分解,反应时间太短,衍生反应不充分,考察了 5min、10min、15min、20min、25min、30min、45min、60min 等衍生时间对检测结果的影响。

由图 6-17 可知,随着衍生时间的增加,衍生效果先是增加后又缓慢下降,在衍生时间为 15min 时衍生效果最好,提取效率最佳,故选择衍生反应时间为 15min。

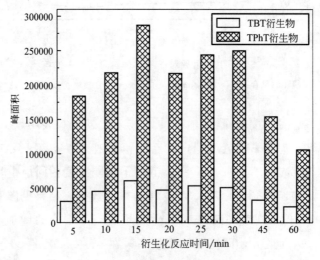

图 6-17   衍生化反应时间的优化

6.3.5.5 线性关系和定量限

在本检验方法所确定的试验条件下，取一系列标准溶液，三丁基锡和三苯基锡的浓度依次为 0.1mg/L、0.5mg/L、1.0mg/L、2.0mg/L、5.0mg/L，衍生后进行气相色谱-质谱测定。在 0.1～5mg/L 浓度范围内，三丁基锡的线性关系为 $Y=7255.0X+662.5$，线性相关系数为 0.998，见图 6-18；三苯基锡的线性关系为 $Y=10200X-115$，线性相关系数为 0.999。

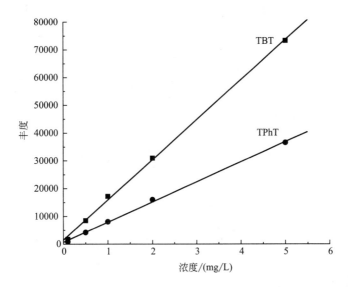

图 6-18 三丁基锡（TBT）和三苯基锡（TPhT）衍生物标准曲线图

将混合标准溶液逐级稀释，在上述色谱条件下进行测定，以响应信号大于噪声 10 倍时对应的物质含量作为定量限。当进样浓度相当于样品中三丁基锡的量为 0.12mg/L、三苯基锡的量为 0.09mg/L 时，响应信号大于噪声标准偏差的 10 倍，确定方法对样品中的三丁基锡的测定低限为 0.10mg/L，三苯基锡的测定低限为 0.10mg/L。由于测试样品称取量约为 0.2g、定容体积为 10mL，所以确定此方法的测定低限为三丁基锡 5mg/kg，三苯基锡 5mg/kg。

6.3.5.6 方法的回收率和精密度

本标准方法回收率实验按通常塑胶材质样品的添加情况，选用不含三丁基锡、三苯基锡的样品为基质，设定了三个添加浓度：添加 0.10mg/kg、1.00mg/kg、2.00mg/kg 三丁基锡，0.10mg/kg、1.00mg/kg、2.00mg/kg 三苯基锡，制成塑料样品。按本检验方法所确定的实验条件，对每个浓度样品进行六次实验，测得三丁基锡的回收率为 94.0%～97.2%，室内精密度试验测得相对标准偏差为 5.48％～6.52％；三苯基锡的回收率为 96.2％～103.8％，室内精密度试验测得相对标准偏差为 2.91％～5.47％。结果汇总于表 6-15 和表 6-16 中。

表 6-15　三丁基锡的回收率和精密度试验结果

添加水平与添加量	三丁基锡					
	0.10mg/kg		1.00mg/kg		2.00mg/kg	
	测定值 /(mg/kg)	回收率 /％	测定值 /(mg/kg)	回收率 /％	测定值 /(mg/kg)	回收率 /％
平行样	0.09	90.0	1.05	105.0	2.11	105.5
	0.10	100.0	0.93	93.0	1.96	98.0
	0.09	90.0	0.92	92.0	1.90	95.0
	0.10	100.0	0.90	90.0	1.82	91.0
	0.09	90.0	0.91	91.0	1.93	96.5
	0.10	100.0	0.92	92.0	1.86	93.0
平均值回收率/％	94.0		94.2		97.2	
相对标准偏差/％	5.48		6.52		5.48	

表 6-16　三苯基锡的回收率和精密度试验结果

添加水平与添加量	三苯基锡					
	0.10mg/kg		1.00mg/kg		2.00mg/kg	
	测定值 /(mg/kg)	回收率 /％	测定值 /(mg/kg)	回收率 /％	测定值 /(mg/kg)	回收率 /％
平行样	0.10	100.0	1.07	107.0	2.03	101.5
	0.99	99.0	0.94	94.0	2.05	102.5
	0.11	110.0	0.93	93.0	1.97	98.5
	0.11	110.0	0.92	92.0	1.95	97.5
	0.10	100.0	0.95	95.0	1.91	95.5
	0.11	110.0	0.97	97.0	1.82	91.0
平均值回收率/％	103.8		96.2		99.1	
相对标准偏差/％	5.47		6.38		2.91	

6.3.6　实际样品检测

对 20 件实际样品进行检测，结果发现一件样品中含有三丁基锡和三苯基锡，其含量分别为 1.96mg/kg 和 2.03mg/kg，相对标准偏差分别为 2.55％、2.06％。实际样品衍生后的色谱图如图 6-19 所示。

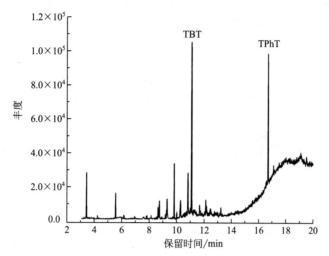

图 6-19　实际样品衍生后的色谱图

参 考 文 献

［1］ Chu S G，Metcalfe C D. Simultaneous determination of triclocarban and triclosan in municipal biosolids by liquid chromatography tandem mass spectrometry J Chromatogr A，2007，1164（1/2）：212-218.

［2］ Veldhoen N，Skirrow R C，Osachoff H，et al. The bactericidal agent triclosan modulates thyroid hormone-associated gene expression and disrupts postembryonic anuran development. Aquat. Toxicol. 2006，80（3）：217-227.

［3］ Silva A R M，Nogueira J M F. New approach on trace analysis of triclosan in personal care products，biological and environmental matrices. Talanta，2008，74（5）：1498-1504.

［4］ Allmyr M，McLanchlan M S，Sandborgh-Englund G，et al. Determination of triclosan as its pentafluorobenzoyl ester in human plasma and milk using electron capture negative ionization mass spectrometry J Anal Chem. 2006，78（18）：6542-6546.

［5］ Allmyr M，Adolfsson-Erici M，McLachlan M S，et al. Triclosan in plasma and milk from Swedish nursing mothers and their exposure via personal care products. Sci. Total Environ. 2006，372（1）：87-93.

［6］ Villaverde-de-Sáa E，González-Mariño I，Quintana J B，et al. In-sample acetylation-non-porous membrane-assisted liquid-liquid extraction for the determination of parabens and triclosan in water samples. Anal. Bioanal. Chem.，2010，397（6）：2559-2568.

［7］ 中华人民共和国卫生部 化妆品卫生规范. 北京：中国卫生出版社，2007.

［8］ 陆慧慧，陶冠红. 分光光度法测定日化品中的三氯生. 光谱实验室，2009，26（3）：487-490.

［9］ Liu T，Wu D. High-performance liquid chromatographic determination of triclosan and triclocarban in cosmetic products. Int J. Cosmetic Sci.，2012，34（5）：489-494.

［10］ 刘超. 反相高效液相色谱法测定化妆品或洗涤用品中对氯二甲苯酚、三氯卡班和三氯生. 色谱，2004，22（6）：659.

[11] SN/T 1786—2006. 进出口化妆品中三氯生和三氯卡班的测定 液相色谱法.

[12] 刘湘军, 赵妍, 赵珊等. 超高效液相色谱-串联质谱法同时测定日化产品中的三氯生与三氯卡班. 分析测试学报, 2013, 32 (1): 64-68.

[13] 庞国芳. 农药兽药残留现代分析技术. 北京: 科学出版社, 2007: 215-220.

[14] Lyon F, Thevenon M F, Pizzi A, et al. Wood preservation by a mixed anhydride treatment: A C-13-NMR investigation of simple models of polymeric wood constituents. J Appl. polym. Sci, 2009, 112 (1): 44-51.

[15] Safety of Toys Part 9. Organic chemical compounds-Requirements. BS EN71-9: 2005.

[16] Safety of Toys Part 10. Organic chemical compounds-Sample preparation and Extraction. BS EN71-10: 2005.

[17] Safety of Toys Part 11. Organic chemical compounds-Methods of analysis. BS EN71-11: 2005.

[18] 刘琪, 孙雷, 张骊. 牛肉中 7 种拟除虫菊酯类农药残留的固相萃取-超高效液相色谱-串联质谱法测定. 分析测试学报, 2010, 29 (10): 1048-1052.

[19] 陈树兵, 孟原, 施瑛等. 顶空-固相微萃取-气相色谱串联质谱法测定葡萄酒中多种氯酚及氯代茴香醚. 食品科学, 2012, 33 (16): 146-149.

[20] 李南, 石志红, 庞国芳等. 坚果中 185 种农药残留的气相色谱-串联质谱法测定. 分析测试学报, 2011, 30 (5): 513-521.

[21] 马云云, 李红莉, 时杰等. C18-固相萃取/气相色谱法检测水中氯酚类. 中国环境监测, 2009, 25 (4): 46-48.

[22] 孙磊, 蒋新, 周健民等. 红壤中痕量五氯酚的气相色谱法测定. 分析化学, 2003, 31 (6): 716-719.

[23] 宋伟, 林姗姗, 孙广大等. 固相萃取-气相色谱-质谱联用同时测定河水和海水中 87 种农药. 色谱, 2012, 30 (3): 318-326.

[24] Chung L W, Lee M R. Evaluation of liquid-phase microextraction conditions for determination of chlorophenols in environmental samples using gas chromatography-mass spectrometry without derivatization. Talanta, 2008, 76 (1): 154-160.

[25] Bagheri H, Babanczhad E, Khalilian F. A novel sol-gel-based amino-functionalized fiber for headspace solid-phase microextraction of phenol and chlorophenols from environmental samples. Anal. Chim. Acta, 2008, 616 (1): 49-55.

[26] 李琳, 薛秀玲, 连小彬. 加速溶剂萃取-高效液相色谱法测定皮革和纺织品中含氯苯酚的含量. 分析化学, 2010, 38 (10): 1469-1473.

[27] 洪爱华, 尹平河, 黄晓兰. 高效液相色谱-质谱联用法测定纺织品中的含氯苯酚. 分析测试学报, 2009, 28 (11): 88-90.

[28] Roland B, Hans-Gerhard B, Tin W. Determination of pentachlorophenol (PCP) in waste wood-method comparison by a collaborative trial. Chemosphere, 2002, 47 (9): 1001-1006.

[29] Pizarro C, Pérez-del-Notario N, González-Sáiz J M. Optimisation of a microwave-assisted extraction method for the simultaneous determination of haloanisoles and halophenols in cork stoppers. J. Chromatogr. A, 2007, 1149 (2): 138-144.

[30] 叶曦雯, 牛增元, 姚鹏等. 木材及木制品中有机氯杀虫剂残留的 GC-ECD 法测定. 分析测试学报, 2010, 29 (5): 449-454.

[31] Diserens J M. Rapid determination of nineteen chlorophenols in wood，paper，cardboard，fruits，and fruit juices by gas chromatography/mass spectrometry. J. AOAC Int，2001，84（3）：853-860.

[32] Nichkova M，Germani M，Marco M P. Immunochemical analysis of 2，4，6-Tribromophenol for assessment of wood contamination. J. Agric. Food Chem.，2008，56（1）：29-34.

[33] 李海玉，张庆，康苏媛等. 固相萃取-气相色谱-质谱法测定木制家具中氯酚类及菊酯类防腐剂. 色谱，2012，30（6）：596-601.

[34] 卫碧文，于文佳，郑翊等. 气相色谱/质谱联用分析玩具材料中木材防腐剂. 环境化学，2011，30（6）：1210-1213.

[35] Parker J A，Wenster J P，Kover S C，et al. Analysis of trenbolone acetate metabolites and melengestrol in environmental matrices using gas chromatography-tandem mass spectrometry. Talanta，2012，99（18）：238-246.

[36] Parinet J，Roriguez M J，Serodes J，et al. Automated analysis of geosmin，2-methyl-isoborneol，2-isopropyl-3-methoxypyrazine，2-isobutyl-3-methoxypyrazine and 2，4，6-trichloroanisole in water by SPME-GC-ITD MS/MS. Intern. J. Environ. Anal. Chem.，2011，91（6）：505-515.

[37] Bancon-montigny C，Lespes G，Potin-Gaqutier M. Improved routine speciation of organotin compounds in environmental samples by pulsed flame photometric detection. J. Chromatogr.，2000，896（1-2）：149-158.

[38] 梁淑轩，孙汉文. 有机锡的环境污染及监测方法研究进展. 环境与健康，2004，21（6）：425-427.

[39] 李红莉，高红，徐晓玲. 有机锡化合物在中国环境行为的研究状况. 环境科学动态，2003，（2）：15-17.

[40] M M Whalen，SHariharan，B G Loganathan. Phenyltin inhibition of the cytotoxic function of human natural killer cells. Environ Res，2000，84（2）：162-169.

[41] 牛增元，袁玲玲，叶曦雯等. 气相色谱-质谱法测定纺织品中的有机锡. 纺织学报，2006，27（11）：22-27.

[42] Davis M T，Newell P F，Quinn N J. TBT contamination of an artisanal subsistence fishery in Suva harbour，Fiji-case study of an environmental contaminant. Ocean Coast Manage，1999，42（6/7）：591-601.

[43] Morabito R，Massanisso P，Quevauviller P. Derivatization methods for the determination of organotin compounds in environmental samples. Trac-Trend. Anal. Chem，2000，19（2/3）：113-119.